青少年叛逆心理学

高占民——著

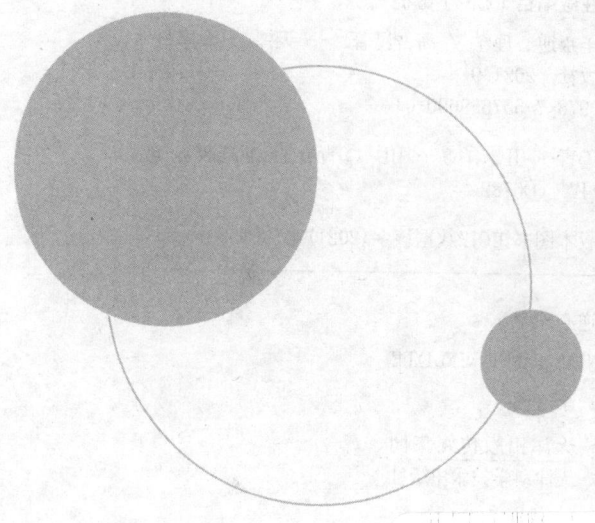

天津出版传媒集团
天津科学技术出版社

图书在版编目（CIP）数据

青少年叛逆心理学 / 高占民著. -- 天津：天津科学技术出版社，2021.9
 ISBN 978-7-5576-9690-0

Ⅰ. ①青… Ⅱ. ①高… Ⅲ. ①青春期-家庭教育-教育心理学 Ⅳ. ①G782

中国版本图书馆CIP数据核字(2021)第185153号

青少年叛逆心理学
QINGSHAONIAN PANNI XINLIXUE

责任编辑：李晓琳

出　　版：	天津出版传媒集团
	天津科学技术出版社
地　　址：	天津市西康路35号
邮　　编：	300051
电　　话：	(022)23332695
发　　行：	新华书店经销
印　　刷：	唐山市铭诚印刷有限公司

开本 880×1230　1/32　印张 7　字数 150 000
2021年9月第1版第1次印刷
定价：42.00元

推荐语

行为背后有动机，症状深处是症结。这本书的作者，给了很多家长一个指引——原来青少年的叛逆是这么一回事啊。

《重启人生：如何走出原生家庭阴影》作者 金尚

优秀的父母，都是孩子生命里不动声色的摆渡人。而如何做一位优秀的父母，高占民的新书给了我们一点启示。

河北省心理咨询师协会常务理事、实战派心理专家 张智强

祝贺高占民老师的著作正式出版！在这个生育焦虑的时代，这本书为那些困惑中的父母提供了一个新的选择。

视频号"有财气生态圈"发起人 娜姐

在这本书里，作者才少将青少年成长过程中面临的心理问题做了系统的阐述。我相信对大多数中国家长来说，这本书都不可错过。

"甄美好"创始人、视频号金V生活博主 璐瑶

这本书内容丰富，涵盖青少年成长过程中的方方面面。我很爱读才少的书，像一本精彩的小说。

某高校副教授、婚姻家庭咨询师 夏一梦

这是一本集知识性、实用性、趣味性于一体的心理学通识读本。我建议大家读读它。

日本JAPA认证健康管理师、自媒体人 Tokyo大S姐

这是一本顺应时代的著作,为家长们都提供了养育青少年的方案。

世界500强企业高管、智慧型教育推动者 张丽晖

作者为如何养育子女给出了解决之道,这是一本不可多得的佳作。

视频号"小麦妈妈"主理人 小麦妈妈

从"三厌"家庭,到"三鸡"关系,才少的洞见总是独到且犀利。

实体企业家 张红年

才少提出的"三方"很有建设性和实用性,是一本不错的心理学读物。

国内实战派心理咨询师 余汉华

有了这本书,你便能读懂那些处在叛逆期的孩子的心声。

"琪的书房"视频号博主、"有财气慧月读"主理人 任琪

推荐序一

精进的父母，助力孩子健康成长

作为一个从业超过30年的教育工作者，学生的心理健康一直是我关心的头等大事。

少年强，则中国强；少年伤，则是家长的苦，也是社会的痛。在所有的孩子中，青少年阶段的孩子一直是心理教育问题频发的群体。

青春期是人生中最美好的时光，青春期也是人的心理和人格走向成熟稳定的关键时期。钟南山院士曾说："健康的一半是心理健康，疾病的一半是心理疾病。"因而，青少年的心理健康工作需要引起我们的高度关注和重视。

在多元化的当今，孩子的需求已不是几十年前吃饱穿暖那样简单。新的发展提出了新的需求，这些需求无时无刻不考验着作为父母的智慧和家庭的养育能力。

身边时常出现的"问题孩子"，令家长牵肠挂肚；孩子厌学恐考、手机依赖、焦虑抑郁、恐惧强迫、离家出走、自伤轻生等种种心理问题，令家长无限焦急。而这些问题又是如何产生？它们产生的根源是什么？又该怎样化解呢？

心理咨询师高占民的新书，为我们解答了这些困惑。

市面上，有关青春期的心理自助书籍有很多，但只有这本书给人感觉生动而有料。书中包含了几十个案例故事，并附上了专业深入的分析解读，实用可行的方法技巧，可供家长、教育工作者和青少年参考、阅读。

现象背后有本质，行为深处有动机。这本书详细精准地分析了当今青少年的心理特点和需求，对基本的特点也做了总结概括。如青春期孩子的9大基本特点——独立、敏感、梦幻、独特、反抗、迷茫、激情、多变、孤独。又如父母关爱青春期孩子的8大关键点——尊重、理解、接纳、包容、真诚、信任、欣赏、平等。可谓紧扣家长需求，与时俱进。

书中亦有理论方面的创新点。在基于安全感的基础上，高占民提出了4大心理需求——存在感、价值感、成就感和同在感。而"同在感"的提出，可谓本书的一大亮点。作者认为自我成长的终极状态莫过于实现同在感，而青少年无疑是最注重自我成长的群体之一。因而，重视青少年的自我成长，是摆在每个教育工作者面前的重要课题。

愿高占民的新书能帮到更多的家长，助力青少年朋友实现心理健康。

山东师范大学博士生导师、青春期问题研究专家　张宗斌

推荐序二

青春，是不该褪色的华彩

在激荡多变、多愁善感的青春期，每个青少年的梦想、创伤、成长、痛苦、反思都尤为重要。因为，青春期是人生成长发展的重要阶段，可以说奠定了人生走向的基础底色。它是人生最美好的一段时光，是一个怎么也说不完的永恒话题。

关于青春的书有很多，但高占民老师的书引起了我的好奇。听闻他是从积累的数千个真实咨询案例中精心挑选，并结合自己十年来的经验总结而来。

这是一本通俗易懂、操作性强的普适性读物，书中提出了很多新的概念，并对一些传统概念进行了一些修正，譬如"无条件的爱"。作者提出了"接近于无条件的爱"的概念，用以代替传统的说法。

书中采用的案例都来自于作者真实的访谈，有很多卓见和深度思考，都可以带给家长朋友们新的启发、领悟。例如溺爱不是爱，而是伤害。又如孩子总是发火，这背后的心理机制是什么，其实是需求未被满足的无奈之举。再比如，书中写出困扰孩子最多的养育模式来自控制型的父母，而控制的背后是对于失去的恐惧和自身安全感的不足。

高占民老师提出了对于青春期孩子，父母有9大不良的养育方式——指责、牢骚、抱怨、说教、责骂、嫌弃、命令、否定、审问。当然，作者不仅是指出问题，更讲了如何化解矛盾。

作为同行，我很敬佩高占民老师，在做大量授课讲座的同时，还保持着极大热情来写作。

如果这本书能帮到更多的受困扰的家长和青少年，这将是我最愿意看到的事情。

资深心理咨询师、微博自媒体人　刘爱民

自序

父母的觉醒

在讲究高效率、快节奏的当前,多少人时不时流露出焦虑、恐惧的情绪,尤其是拥有最美年华,却背负人生最大压力时期之一的青春期孩子。

看到一些网络悲剧和极端事件,很多家长都心有戚戚焉。社会越发展、人类越文明,难道问题变得越来越多了吗?

答案显然不是。其实,孩子的成长都有规律可循。看问题,永远不要只看表面,而心理学会给你提供一些独特的剖析视角。

养育孩子是一门学问,需要很多智慧。陪伴青春期的孩子成长,不仅需要家长提供物质财富和时间,更需要家长洞悉规律,突破认知壁垒和思维定式,预防问题的发生,助力孩子的身心健康成长。

本书正是因此而生。书中有很多故事,都脱胎于身边常见的问题事例。结合这些事例,我提出了很多原创观点,譬如解决问题的"三方"——先找准"方向",再确立"方案",最后才是运用"方法"。很多家长总是急着要方法,可如果方向都错了,用什么方法也都是无济于事。

父母的觉醒是养育的关键,父母需要不断自察、进步和学习,才能真正帮助孩子成长!

高占民

目录

第1章 面对躁动的孩子，如何抚平叛逆的心

那些未成年孩子心理状态的数据画像　　002
从"三厌"家庭到"三鸡"关系　　005
为人父母，我们需要扮演的角色　　008
为人父母，要了解孩子的心理需求　　012
为人父母，追责原生家庭不如经营好亲子关系　　016
为人父母，要做好孩子的桥梁工程师　　018
关于青春期孩子的"9986541"法则　　020
莫让孩子留下"心理创伤"　　024
爱为何成了伤害　　027
什么是对青春期孩子最好的爱　　030

第2章 重压之下，如何为孩子赋能

肖潇：生命难以承受之重　　034
小蒙：可怕的"集中营"　　036
诗雨：一到重要考试，我就拉肚子　　039
如何帮孩子制订合理有效的计划　　041
如何帮孩子远离"厌学情绪"　　043

如何让孩子爱上学习	047
如何帮孩子远离焦虑情绪	049

第3章 营造好的环境，而非控制孩子

对青春期孩子要学会放手与接受	052
要孩子改变，大人要先改变自己	054
老师，我有"恐妈症"	057
学会正向表达	059
你是教练式的父母吗	061
相互尊重，做出弥补	063
将不良行为转向积极的方面	065
观察与聆听肯定比逼问有用	067
改变认识是打开孩子心扉的重点	069

第4章 面对成长这堂课，要帮助孩子面对自我

晓露：那些无疾而终的感情	072
对热衷思考死亡的孩子，我们应该做些什么	075
小宇：作为学霸的那些困惑	079
家长要如何处理自己的负面情绪	081
当孩子说自己叛逆时，他想表达什么	083
请谨慎对待"阳光型抑郁"的孩子	085
29岁还没有迈过青春期的"孩子"	088

第5章 看似怪异和叛逆的行为，放大了亲子间的误解

传说中怪异且普遍的初二现象 092
小宁：划伤手腕的背后 095
缺少自我反思意识的父母心理不成熟 099
重新看待孩子的不良行为 102
孩子为什么会撒谎 104
大宝与二宝的恩怨 107
那些被"抑郁"的孩子 110
千万别用成人的逻辑理解孩子的行为 113
那些被"网瘾"折磨的孩子 115

第6章 跳出自我中心，才能更好地处理与孩子的冲突

情绪需要表达，关系需要维护 122
责备式关心，是以爱的名义去伤害孩子 126
岚月：我没法与妈妈沟通 129
过度干预，所以总替孩子收拾烂摊子 132
小Z：为什么我是低自尊 136
为什么孩子总是"玻璃心" 140
关于幸福关系的智慧模型 142
海哲：我是一个优秀且自卑的孩子 145
佳轩：面对优秀的人，我总是嫉妒 150

第7章 那些无处不在的烦恼，说明是孩子在成长

孩子离家出走以后 154
让孩子愿意听父母说话 157
为什么心理咨询，很多时候没有用 161

嘉琪：接纳是我看待自我的方式　　164
　　全能妈妈的困惑：孩子为什么不领情　　167
　　"早恋"问题的背后　　173

第8章 孩子情绪"感冒"了，就别发展为心理"肺炎"
　　亲子关系缺失，激发了孩子的攻击性　　178
　　依恋，让关系得以归位　　182
　　情绪宜解不宜结，否则容易得"心癌"　　185
　　情绪需要表达，更需要管理　　189
　　情绪海拔及其曲线图　　191

第9章 在关系中有了方向，孩子才能被看见
　　作为家长，你在变相攻击孩子吗　　196
　　把主动权交给自己　　198
　　亲子关系的最好状态是什么　　200
　　朵朵：我为什么永远都是错的　　202
　　做智慧型父母，让孩子在关爱中幸福成长　　205

第 1 章 面对躁动的孩子，如何抚平叛逆的心

青春期的孩子经常面临什么问题？这些问题又是如何产生的？一个孩子如何安全度过青春期？青春期的孩子到底需要什么东西？而父母又要做那些事情？

在本章，我将教你如何对待一个正处在青春叛逆期的孩子。

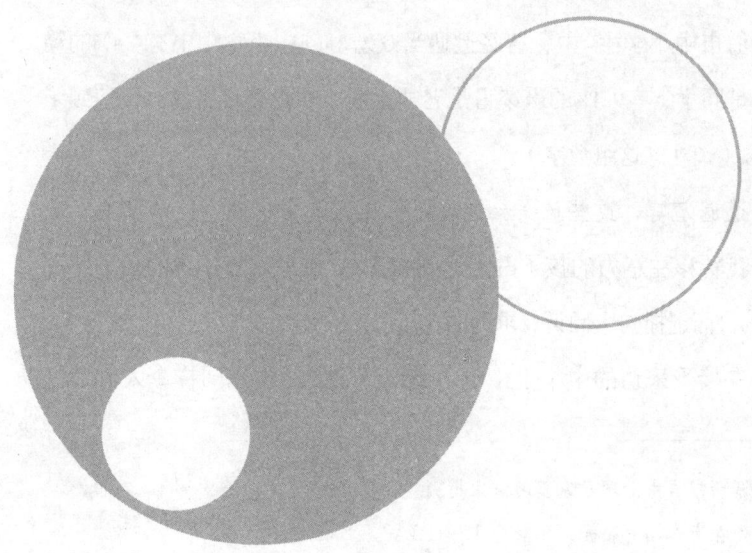

那些未成年孩子心理状态的数据画像

在这里,我将为各位读者提供两组数据,一组是关于上海市2020年青少年心理状况的调研报告[1],另一组是关于中学生[2]心理咨询的统计数据。透过这两组数据,你将看到一些在未成年人身上普遍存在的心理问题。

据2020年上海市青少年心理状况调研报告显示,在参与调查的770名上海市中小学生[3]中,曾经遭遇当众羞辱的中小学生中有4.4%的霸凌者是同学,有9.4%的霸凌者是老师,而家长是霸凌者的比例达到了17.4%(请注意这组数字)。

遭遇羞辱,这些孩子会选择以什么方式来释放不良情绪呢?选择自我转移注意力的孩子占比达到43.5%,选择忍着不说的孩子则占24.4%,而选择向人倾诉、求助的孩子占比则是11.3%。

在接受采访的中小学生中,遭遇打骂的比例也同样令人触目惊

---

[1] 该调研报告由心理学家贺岭峰主持。
[2] 指处在青春期的孩子,年龄为12—18岁。
[3] 其中,年龄7—12岁的中小学生占比62.34%,13—18岁则占比达到了37.66%。女生占比58%,男生占比42%。

心。从来没有挨过打的学生只占27.4%，挨过同学打的比例为2.1%，挨老师打的比例为1.6%，而挨家长打的比例则占到67.8%。挨其他人打的比例为1.1%。

同样在近日，联合国儿童基金会和世卫组织也联合发布了一组令人担忧的数据，在全球多达12亿10～19岁的青少年中有20%的青少年曾有过不同程度的心理健康问题。

报告显示，在广大的亚非拉欠发达国家和地区，10～19岁青少年中约15%的人曾有过自杀念头。而在15～19岁的青少年中，自杀已成为第二大死亡原因。

青少年儿童的心理问题，已日渐成为困扰各国发展的重要因素。

无独有偶，据近日发布的某二线城市中学生心理咨询数据显示，在接受调查的1913个现场咨询案例中，因为儿童的心理健康问题，父母向咨询机构求助的案例占比达到68.73%，学生本人的求助案例则占11.38%，其余家人[1]求助的案例占比为19.89%。而接受救助的问题儿童，依据年级分布比例显示，初二学生占比最高，达到21.18%[2]；初一学生为16.19%；高一学生为14.47%；初三学生占比达到17.32%，而高三学生占比达到18.64%，高二学生占比则为12.2%。

接受咨询的问题类型主要有学习与考试压力，涉及率[3]为51.96%；手机依赖和"网瘾"，涉及率为49.88%；厌学、逃学、辍学，涉及率

---

[1] 包括姑、姨、舅、叔伯、祖辈等亲戚关系。
[2] 吻合神奇的"初二现象"。
[3] 即在所有的案例中，涉及这一项的比例，有很多案例同时涉及数项。所以数据的总计不是100%，而是远超100%。

为41.89%；亲子矛盾冲突，涉及率为46.54%；焦虑、抑郁、恐惧等情绪压力，涉及率为43.76%；人际关系问题，涉及率为31.12%；青春期心理问题，涉及率为33.69%；无法适应挫折，涉及率为29.74%。

咨询过程中出现的"高频关键词汇"有抑郁、焦虑、作业、学习、手机、烦躁、父母、早恋、自残、压抑、失眠、好奇、药物、精神、霸凌、强迫、离家出走、自杀等词汇。

从来访的各种关系分析，以母子、母女居多，这也在一定程度上反映了在中国式的传统家庭里，父亲往往了扮演了经常缺位的角色。

咨询中出现最多的四类问题分别是：①学习与考试压力；②手机依赖；③亲子关系；④情绪压力。

通过对以上数据统计的分析，我们大致了解和掌握了我国未成年人心理状态的整体图像，可作为研究青少年叛逆期心理调查的重要参考资料。

从"三厌"家庭到"三鸡"关系

在期刊《爱情婚姻家庭：爱情故事》中的第11期版面上，曾描述了问题家庭的主要模式——一个焦虑的母亲，一个严重缺位的父亲以及一个失控的孩子，引起了社会各界的强烈反响，这也在某种意义上揭示了当前婚姻家庭的现状。

近十年来，笔者通过接触大量的心理咨询案例，将问题家庭的模式总结为"三厌"家庭。这里提到的"三厌"是指孩子厌学、丈夫厌家、妻子厌活。

具体来说，孩子厌学是一种普遍存在的青少年心理问题，尽管没有准确的统计数据作为参考，但它反映出问题孩子背后很深的原生家庭问题；丈夫厌家，则指的是丈夫常常借口忙于工作或玩乐（可能是无意识的逃避），对孩子的陪伴很少，甚至记错孩子所在学校，而这背后一定也有着深层次的心理学原因；妻子厌活，与其说是讨厌自己一个人操持家务，不如说她是对婚姻关系已经彻底失望。频繁出现"三厌"问题，往往会导致整个家庭系统陷入僵局，有迅速瓦解的隐患。

而对青少年来说，"三厌"家庭往往是所谓"问题少年"产生的重要来源。往往是丈夫和妻子的问题首先显现,继而也引发孩子的厌学情绪,最终使得孩子走上了错误的道路!

到了青春期的孩子,开始尝试着挣脱家庭,形成独立的自我,言行及思维模式也趋向于固化,人格亦开始完成最后的建构。在这个过程中,他们很容易受到不良家庭环境的影响。

在家庭里,父母是子女的第一责任人。父母对孩子的影响往往大于孩子对父母的影响。因而,父母的状态以及他们的关系直接影响了孩子的心理。

丈夫厌家会导致父亲长期缺位。父爱长期缺席,会导致孩子懦弱、自卑、没有安全感。在学校,孩子就容易受到霸凌,做事也变得唯唯诺诺、胆小怕事。长此以往,孩子就很容易产生厌学情绪,不适应学校生活。

妻子厌活会导致母爱变质。孩子很容易变得戾气重,攻击性很强,失去了原本柔美的一面。长此以往,孩子就很容易变得焦虑烦躁,无心学业。

在这样环境氛围长大的孩子很容易出现心理问题,甚至影响到他今后的发展。

在"三厌"家庭里,夫妻关系往往是不良的关系,很容易诱发"踢猫效应",即妻子埋怨丈夫,丈夫选择逃避;妻子迁怒孩子,孩子反抗;反抗无效,孩子变得很躁动不安;爸爸缺席,无处申冤,孩子选择寄情网络。

这种糟糕复杂的家庭关系在生活其实并不少见,只是呈现方式不同,或者程度各异罢了。我将其称之为"三鸡"关系——鸡飞狗跳、鸡犬不宁、一地鸡毛。

这样的家庭往往为社会"输送"了大量的"问题孩子"以及"隐形炸弹",也为他们今后埋怨原生家庭打下了"坚实的基础",为他们自我攻击[1]和对外攻击[2]提供了"肥沃的土壤"。

所以,想要斩断这种糟糕的联系,丈夫就必须学习与孩子乃至妻子的相处之道,妻子也要给孩子营造一个优良的家庭氛围和成长环境,让孩子们身心健康的成长。也许到那个时候,"三厌"家庭就会变成和谐、和平、和而不同的"三和"家庭。

---

[1] 如抑郁、自伤、自残、自虐等不良情绪和行为等。
[2] 如欺负、霸凌别人等各种违纪甚至违法犯罪行为。

为人父母,我们需要扮演的角色

壮壮是一名初二的学生。

有一次,他因为考试的事情,被班主任批评了一顿。回到家里,妈妈知道后也不分青红皂白地骂了他一顿。

不久之后,壮壮和同学闹了矛盾,又挨了老师的训斥。回到家,壮壮再一次受到了爸妈的责骂。

他感觉到爸妈和老师出奇得一致,成了盟友。而自己就像误入战场的百姓,被双方同时进攻,狼狈不堪。

这样的事情发生过几次以后,壮壮跟父母就有了隔阂。

和父母顶嘴、吵架的壮壮,成了父母眼中不听话的"熊孩子"了,逐渐"治"不了了。

壮壮的父母很困惑,到底是怎么回事,让孩子突然变得这样不懂事了?

父母和老师在孩子的成长过程中扮演了不同的角色,也就承担着不同的职责。两者虽然有一定重叠的部分,即都是为了孩子(或学生）的成长。但同时，两者也有明显的不同。

教师的职责是教书育人；父母的职责是养育儿女，为孩子的成长提供良好的家庭环境、成长氛围以及亲子关系。

老师往往侧重理性，注重规矩，而父母则往往偏向于感性思考。老师若像家长一样对待学生，很容易超越边界。家长若像老师一样对待孩子，往往会很容易产生隔阂甚至冲突。

在日常生活中，我观察到一个让人有些不可思议但确实存在的现象——很多优秀教师家的孩子往往很容易出现心理问题！

为什么呢？很大一部分的原因是，这些教师把自己的老师角色带到了家里，形成了角色冲突。

对于孩子来说，这种父母角色的缺位势必会带来各种各样的心理问题。就如案例中壮壮的妈妈很大程度上就扮演了壮壮老师的角色。这让壮壮觉得妈妈成了老师的帮凶，因而产生了逆反心理。

当然，我不是鼓励各位家长要站在老师的对立面去，与学校唱反调。而是主张家长要主动扮演好自己的角色，帮助孩子克服困难，缓解内心压力，使得那些学校老师给不到的情感慰藉，让孩子可以从父母这里得到。

家长的角色是基于情感的规矩；而老师的角色，是基于规矩的情感。不同的角色之间，没有可比性。

老师和家长需要各司其职、各尽其责，一旦搞乱了角色，就会出现各种麻烦。

解决方法

回到壮壮的这个案例,孩子受到了老师的批评,但只要老师批评得对,这就是老师在谨守他的职责。当孩子回到家里时,父母若是像老师一般,孩子只会觉得受伤、失望。

这时候,作为父母,合适的做法是倾听孩子的心声,让他有机会把话说完。

在这个过程中,孩子的压力排解了,情绪也疏导了,就会形成良性循环。

总而言之,父母与孩子之间的心理距离,应该比孩子与老师的距离更近一些。但现实情况往往是很多父母与孩子的心理距离比较远,甚至比孩子与老师的距离还远。长此以往,各种冲突矛盾都爆发出来了。

对于青春期的孩子,父母的角色、站位极其重要。你可以做孩子的倾听者、陪伴者、分享者、助力者、疗愈者、滋养者、合作者,但不能做孩子的"敌人""冤家"和"对头"。

良好的亲子关系是处理亲子的基础,一旦成了敌对关系、仇敌关系,接下来就会一切免谈。

父母智慧时刻

对于不同的角色,有着不同的职责。作为家长,我们要搞清楚自己的角色和定位。如果角色乱了，关系就容易乱。

往往有智慧的人能在为人父母、妻子（丈夫）等关系中灵活变通，那为人父母的我们也要学习他们的方法。

为人父母，要了解孩子的心理需求

关于人的各类需求，心理学家马斯洛的五大需求层次理论已经论述得非常清楚了，也得到了全世界的普遍认可。

在结合前人理论的基础上，我也总结出了孩子的"四大心理需求"理论。所谓的四大心理需求，分别是存在感、价值感、成就感和同在感。

存在感来自于关注。通俗地说，关注是一种深沉的爱，能给孩子以很大的滋养。这是四大心理需求中最基础的需求。如果一个人连存在感都没有，就容易出现抑郁、焦虑等状况，更谈不上有自我意识和独立人格。当一个生命个体能体验到活在当下，能感知到自己在现实生活中是真实存在的，这对于青春期的孩子尤其重要！

很多时候，青春期孩子的叛逆和对抗并不是为了惹是生非，而是为了刷存在感。当你用心去关注他、看到他的时候，他的那些所谓的偏差行为就会自然消失。

如果父母能很好地去关注孩子[①]，孩子的心理问题将会迎刃而解。

[①] 主要指心理层面，不是你冷不冷、饿不饿等，这里我们主要讨论心理层面的关注，而非物质层面。

精神分析学派创始人弗洛伊德曾在书中写过这样的一则故事。

一个小孩在漆黑的房子里,大声呼喊着亲人,却没有人回应。只有一个陌生的女人问:"孩子,你爸妈不在。"

小孩回答说:"姐姐,你能陪我说说话吗?"

女人回答:"但我看不见你啊!孩子。"

小孩回答说:"看不见没关系,只要我能听到你的声音,我就不害怕了。"

这位女士的关注让这个小孩子有了安全感,也意味着他获得了存在感。

当你用心去关注孩子时,你发现他的状态会比较好;当你不用心关注他时,他就会有种种不耐烦的举动。

如果父母能够给孩子充分的关注,那么他就会有很好的安全感。当他获得了你足够多的关注,你也就收获比较从容的孩子。

价值感是指个体觉得自己的才能和人格受到社会重视,在团体中享有一定地位和声誉,并有良好的社会评价时所产生的积极情感体验[1]。

通常,有价值感的人往往表现为自信、自尊和自强;反之,没有价值感的人则容易产生自卑感,经常自暴自弃。

而对孩子来说,他的价值感往往来自于早年间得到的父母足够多的认可。因为被认可,从而产生了价值感。因为自我认可,从而产生自我价值感。

如果一个孩子从未得到认同,他就会觉得自己没有价值,经历的越多,就会逐渐内化到潜意识层面,变成一个低价值感的人。

早期,孩子往往依靠父母的评价[2]来建立起对自我的评价。它是

---

[1] 林崇德. 心理学大辞典(下卷). 上海教育出版社, 2003.
[2] 即最重要他人的、外界的评价。

一个人价值感的源头。

成就感意为初级的、阶段性的、局部性的自我实现,是价值感的升华版。

拥有成就感的孩子是比较充实的,也有积极正向的情绪体验。从现实层面分析,一个小孩子的成就感,更多地来自其自身优异的学习成绩、奖项、同学的褒奖。而对于一个成年人来说,他的成就感更多地来自家庭是否和谐,事业能否有所成就。

如果一个孩子有较高的自我认同感,那么他的心态一定是积极正向且平和稳定的。假若他遇到困难,也能够较好地面对窘境。一言以蔽之,一个人的成就感,往往来自于行动力。

现在来说说同在感。同在感是人与人关系的至高境界,也是一个人应该穷尽一生去追求的关系。

存在感是基础,价值感是高一层级的,而成就感是更高层级的。这三种心理需求构成了一个人个体层面的需求。而从关系的维度分析,我相信人的心理需求应该是"同在感",因为有了同在感,就可以消解孤独感。

当一个人感受到,这个世界上还有别的生命与自己同在,他感受着你的感受,体验着你的体验。这该是一件多么美好的感觉啊!

我认为获取同在感的方式,恰恰是依靠"共情"。如果父母能够共情自己的孩子,而孩子也学会共情,那么他们的关系一定是和谐的。

那首《可可托海的牧羊人》的歌词写道:"山谷的风,它陪着我哭泣。"这便是一种同在感,也是一种共情。

马斯洛曾经提出过"高峰体验"的说法。所谓的高峰体验是指人们在追求自我实现的过程中，基本需要获得满足后，达到自我实现时所感受到的短暂的、豁达的、极乐的体验，是一种趋于顶峰、超越时空、超越自我的满足与完美体验。

处在高峰体验时，人会产生一种存在认知。这与一般常说的认知不同，这种体验是人自我肯定的时刻，是超越自我的、忘我的、无我的状态[①]。而同在感与之类似，一个微小的瞬间，同在感也会让你感到与对方同在，当你想到对方的时候，心里充满着幸福感。

关于心理需求的最高层级，我个人认为是"自我同在感"。当一个人的自我整合到一定程度，他便不追求客体与自我的关系。他不再惧怕孤独，而会享受孤独，这是自我成长追求的至高境界。

学会自己与自己独处，达到了物我两忘、天人合一的境界。一个人就是一个宇宙，你与外界的关系，就是自己与自己的关系。一旦你实现了此种境界，父母和你的关系、你自己与自己的关系、你与他人的关系就实现了多元的统一。

而作为父母，要擅于让孩子明白，学会与自己独处，并不代表父母不疼爱自己，而是让孩子感受到这种体验感。

有智慧的父母，懂得充分地关注孩子，给孩子存在感，懂得用恰当的方式给孩子以认可，给孩子价值感；懂得充分地鼓励孩子，给孩子成就感；懂得共情孩子，给孩子同在感。

[①] 许燕.摘自人格心理学.北京师范大学出版社.

为人父母，追责原生家庭不如经营好亲子关系

原生家庭是指儿女还未成婚，仍与父母生活在一起的家庭。一直以来，它是一个社会学概念，却被心理学领域的研究者广泛引用。

伴随着原生家庭概念的普及，也出现了很多推责、嫁祸等"不良现象"。许多心智成熟的成年人纷纷用"原生家庭"的概念来逃避现实，利用早已年迈的父母来作为发泄自己失败的道具。

诚然，原生家庭概念的提出，确有其存在的合理性。但它的背后，也有着许多被我们忽视的影响因素。受时代和环境条件制约的父母，已然竭尽全力来养育儿女了，而他们可能并不具备优秀的学识和素养。

作为新时代的父母，我们能够做的就是斩断这种代际循环带来的种种恶果，而不是将自身的负面情绪转移到新生家庭中去，从而形成下一代的普遍悲剧。

这也是我写作本书的初衷，只要我们开始做了，什么时候都不会晚。

作为父母，要学着给孩子良好的家庭氛围和成长环境，修正以前父辈粗放的养育模式，让孩子的身心得到健康的发展。

总而言之,就是要经营好亲子关系。

当亲子关系足够融洽和谐时,一切糟糕的原生家庭问题也就会迎刃而解。

为人父母，要做好孩子的桥梁工程师

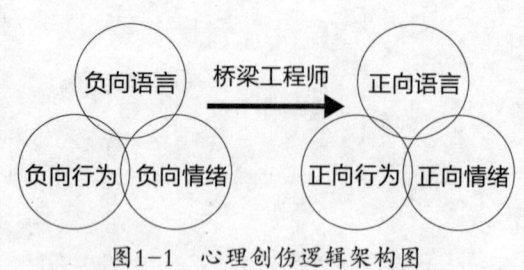

图1-1　心理创伤逻辑架构图

如图1-1是一幅心理创伤的逻辑架构图，用来描述处在不同环境中的孩子的心理状况。

当那些伤害孩子的语言行为发生时，造成的心理创伤一般会潜藏在孩子的潜意识里①，不容易被父母察觉，但却深深地影响着孩子。

这些心理创伤一般来自认知观念、情绪情感、言语行为三个类别。譬如，从小生活在重男轻女家庭里的女孩，她的潜意识层面就会有很深的自卑感，不认可自己的女性身份，甚至造成严重的性别认同障碍；早年生活在矛盾频发的家庭中的孩子，他的言语行为也会继承

---

① 潜意识是指人类心理活动中未被觉察的部分，是人们"已经发生但并未达到意识状态的心理活动过程"。

自父母，会变得有家暴倾向，有时甚至有极端行为发生；幼年有过被抛弃经历的孩子，情感会变得极端脆弱，会对他人有较重的依赖感，严重影响其自我健全人格的塑造。

这些都是早年留下的心理创伤在影响着他们，即使他们不愿意，但也可能会延续下去。

青春期的孩子往往敏感，有了心理创伤，也不会主动告知父母和老师。

作为家长，我们应该主动接近孩子，发现他们的内心需求，甚至帮助他们走出当前的心理状态。当然，在这个过程中，父母也可以求助心理咨询师。

不过要注意的是：伤害一旦形成，修复就变得很难了。因此，父母要明白，预防优先于救治，避免优先于修复。

对于许多父母来说，这样的工作可能并不轻松，但一定要努力。

关于青春期孩子的"9986541"法则

爸妈爱我,只是爱原来可爱的我吧,怎么会有人喜欢现在这个不可爱的我呢?

低微的我飘荡在人群的暗处,好像只能达到大人们的脚踝的高度。无事可做,无所适从,也不知道周围的东西是什么,我像一只多触角的章鱼飘荡在海里,茫然无措。我来自哪里?我要去哪里?

毕竟现在在上学,没有机会出去玩,所以有死的念头也是正常的吧。我想去森林漫步,去草原奔腾,去三角洲激荡,去湿地沼泽,去海边,就是不想待在教室。

不知道身在何方,家在何方,想一直行走到远方……

这是一个14岁女生写在日记里的一些文字。读到这些文字,我就感到隐隐的不安。

作为父母,一定要随时关注处在青春期的孩子,他们的一些特点,我们一定要随时掌握。

9——青春期孩子的九大特点:独立、敏感、梦幻、独特、反抗、迷茫、激情、多变、孤独。

　　具体点说，**追求独立**是青春期孩子最显著的特点。青春期的孩子觉得自己长大了，需要自己的空间。在这个时候，作为家长，一定要尊重他想要独立的愿望，尽可能地满足他的心愿，如有二胎的家庭应该尽可能让他和自己的弟弟（妹妹）分居。

　　敏感是指对外界的细微的人或事过分关注，譬如父母看待他的眼神，老师对他的评论，同学与他的关系等，都可能造成他日后对自己的评价。

　　梦幻是指这个年龄段的孩子往往有脱离现实的想象，追求一些虚无缥缈和不切实际的东西，譬如有着打算拯救全人类的梦想。面对这种情况，作为父母不要大惊小怪，表现得过于抗拒和反感，否则很容易挫伤他们的梦想。

　　独特则可以分为现实中的独特和想象中的独特。现实中的独特指的是他刻意表现得特立独行，无论是衣着打扮，还是言谈举止，都追求独一无二的个性。而想象中的独特则是他幻想着他是独一无二的个体。作为父母，我们应该对他们现实中的独特耐心劝告，对他们想象中的独特"置之不理"。

　　反抗是青春期孩子的正常反应，他们通过这种徒具形式的抗争来彰显自己的存在和价值。因此，作为家长，应该对他们的反应有所了解，切不可与之正面冲突，而须得用点"反作用力"才行。

　　迷茫是这个阶段的孩子正常的心理状况。他们对于自我与外界的关系开始疑虑，并思考一些终极话题，譬如我是谁？人生的意义是什么？作为家长，应该为他们添置一些书籍，使其养成爱阅读的习惯。

激情也可被称为"高能",青春期的孩子总是元气满满、充满着朝气和活力。作为家长,应该让他们多参与一些体育锻炼。

多变是指这时期的孩子会变得善变,随时随地可能会情绪失控。作为家长,我们应该对此表现得平常,切不可大惊小怪。

孤独是指这时期的小孩往往找不到知心朋友,甚至没有朋友。作为家长,应该多和孩子谈心,缓解他们的焦虑。

9——父母对待青春期孩子的九大无效的糟糕模式(九大炸弹):指责、牢骚、抱怨、说教、责骂、嫌弃、命令、否定、审问。

8——父母对青春期孩子,爱的八大法宝:尊重、理解、接纳、包容、真诚、信任、欣赏、平等。

6——和谐的亲子关系需要这六大底层逻辑。

①不直接否定!直接否定孩子的后果就是失去孩子的信任感。亲子沟通不是商业谈判,没必要也没道理完全否定孩子的意见。作为父母,你要学会如何委婉地表达自己的关切,譬如可以说:"你的想法很特别,妈妈很好奇。你是怎么想出来的呢?可以跟妈妈谈谈吗?"这样的问话带着尊重和接纳,孩子也更容易接受。

②倾听多过于说教!作为家长,要学会用倾听代替说教。倾听是多么重要啊!作为成年人,都可以被倾听解救,更遑论小孩子了。

③妙问远大于告知!作为家长,一定不要直接告知孩子答案,尽量通过巧妙提问,来启发孩子。让孩子学会自主思考,有质疑和反思精神。

④姿态远大于方法!作为家长,很多时候,你要学会适当地表现出略低的姿态,让他懂得体会父母的难处以及了解父母不是万能的。这能在一定程度上摆脱孩子对父母的依赖,有助于他拥有较为独立的

状态。

⑤态度远大于内容！相较于你说的内容，青春期的孩子可能更在乎你带给他的感觉和态度，因此你在表达时的语调、口气、情绪都尤为重要，因为敏感的孩子可以捕捉到你的真实情绪。

⑥情感远大于事情！当孩子做错事时，你应该首先关心他的心理状态，继而指出他的错误。当你用心对待做错事的孩子时，他一定能感受到你的善意和爱意。而这显然比什么都重要。

5——早期养育五项基本原则[①]：母亲尽量自己亲自陪伴孩子；如果一定要请保姆，尽量不要频繁换人；父亲一定要亲自参与养育孩子；要关注孩子的精神情感状况；多创造机会让孩子与同龄人相处。

4——青春期孩子的四大心理需求：存在感、价值感、成就感、同在感。

1——一个根本点：爱。

爱是一切的出发点和落脚点。作为父母，在对待孩子时，我们一定要将自己的爱注入日常的养育当中，而这恰恰是基础。

[①] 引自资深心理学家、精神分析家陈爱国。

莫让孩子留下"心理创伤"

心理创伤是当前一个颇为流行的概念,那么心理创伤具体是指什么呢?

翻阅资料,我们可以知道心理创伤是外界的人、事、物对人产生的带有伤害性的影响,当事人一般会有比较负面[①]的情绪情感体验。不得不说,几乎每一个"问题孩子"的背后都有着不同程度的心理创伤。作为家长和老师,我们有必要对它有更清晰的认识,以便助力孩子更好地成长。

根据它产生的诱发因素,我将对它进行概括,包括丧失、被抛弃、被攻击、被否定、被漠视、被孤立、重大外部刺激、缺损和过度满足等不良影响。

首先,我想说明一下缺损的概念。所谓缺损,即心理需求没得到满足。其实,很多青春期孩子的心理问题都可以归咎于此。

这与孩子缺乏营养导致发育不良一样,心理方面的缺失带来的创伤也十分致命。譬如一个早年缺少母爱的男孩,长大后可能会无意识

---

① 如焦虑、低落、恐惧、烦躁、痛苦、担忧、后悔等情绪。

地寻找具有母性特质的女孩；一个家徒四壁贫苦家庭里长大的女孩，长大后可能会无意识地寻找具有非凡经济实力的男人。

丧失是指自己本身拥有却丧失的东西，譬如曾经喜爱的人或物，因为各种原因丢掉了，所以总会非常痛苦。对小孩子来说，失去玩具的痛苦可能是极为漫长且持久的。切记父母不要将自己孩子具有纪念或收藏价值的玩具或物品轻易地丢弃或者转送别人，这会给孩子带来极大的痛楚。

被抛弃的是一种绝望且无可奈何的感受。被抛弃感，需要长时间来抚平。从伤害的等级来看，被抛弃的感觉应该比丧失更为严重。对于孩子来说，被父母抛弃是一件头等糟糕的事情，因而不要开一些自己觉得无伤大雅的抛弃玩笑，这会加剧孩子内心的创伤。

谩骂、羞辱等语言暴力都是**被攻击**的具体表现。作为父母，应该避免此类问题在家庭中的再三发生。因为长此以往遭遇攻击，受害者会出现封闭、自卑等不良心理，严重影响其心理健康和人格发育，成为人们口中的"问题少年"。

被否定的孩子的自我会受到压制，容易自我贬低，做事没底气，成年后的幸福指数也会变低。如果长期遭遇否定，他会形成内化→强化→固化的自我评价，容易成为抑郁症的高发人群。

被漠视的孩子容易产生轻生、厌世等不良情绪。作为父母，我们有义务和责任让孩子感受到来自家庭的温暖，从而成为一个对家庭乃至社会有贡献的人。

被孤立往往容易发展成为常见的校园霸凌。被排挤在群体之外的孩子，往往容易产生报复社会的念头。

过度满足是当前部分家庭存在的不良现象,尤其是隔代养育的家庭。对孩子过度满足以后,会产生强烈的得失心。对于自己得到的东西,也不会珍惜。请各位父母牢记,溺爱不是爱!长期被溺爱的孩子没有真实的自我,难以形成健全独立的人格,而这会严重影响他成年后的正常生活。

重大的外部刺激性事件,如地震、洪涝、火灾、车祸等,也会给人尤其是小孩子带来严重的心理创伤。对此,面对这种极端情况,请务必邀请专业医生介入治疗。

俗话说,没有完美的个人,也没有完美的关系。每个孩子都有着各种各样的心理创伤,创伤并不可怕,它需要我们家长正视继而治愈。

爱为何成了伤害

Z先生年少时,曾在一次负重深蹲中造成了膝盖受损,经过几个月的医治,他恢复了健康。

二十年过去了。人到中年的Z先生,在又一次剧烈运动中,又呈现出类似的疼痛。

就医以后,医生告诉他,这是原来留下的病根,原来的伤痛被激活了。

虽然,Z先生的伤病是生理层面的,但和心理创伤亦有着相似之处。伤病看似痊愈了,但当有着类似的刺激源,又会再次被激活,呈现出和当初类似的疼痛。

那些曾经的经历留下了不舒服的负面情绪体验,就会形成创伤记忆或创伤体验,当原来的那个类似的刺激物再次出现,大脑便激活了曾经的创伤记忆。

众所周知,人的信息采集主要来自于五大感官——眼耳鼻舌身。早年不良的体验刺激带给当事人负向的情绪体验,这些情绪体验会以躯体记忆的方式潜存在潜意识里形成心理创伤。当早年的刺激源再次出现时，就会出现生理性的反应。一朝被蛇咬，十年怕井绳，说的就是这个原理。

现在，我们来讨论一个热词：PTSD①。为此，我要先讲一个发生过的案例。

X先生在2008年经历了大地震，家人在灾难中全部罹难，只有自己一个人幸存。

他亲眼看见了地震夺去家人的惨烈过程，自述永生难忘。

从今往后，只要看到有关地震的视频、画面，哪怕是"地震"两个字的出现，他都受不了。

原先那些悲痛欲绝的情绪体验，那些悲惨的画面会不由自主地浮现出来，让他痛苦不已。

X先生的案例，是非常经典的PTSD创伤形成过程。关于地震的文字、画面或是视频，对他来说都是强烈的刺激源，诱发并激活了他的创伤记忆。

生命个体经历的刺激源，对他们日后的生活产生了持续的影响，内化进了潜意识②层面，形成了PTSD。如果有相似的刺激源再度出现

---

① 意为创伤后应激障碍。
② 包括身体记忆、情绪情感记忆等。

时，创伤就将被激活，个体呈现出与原来相似的情绪情感体验。一般来说，创伤的严重程度跟再次表现的情绪情感体验的程度呈正相关。

对于青春期的孩子，作为父母，我们要尽量避免他们因为刺激产生心理创伤。一旦产生了心理创伤，我们就一定要留意那些触发创伤的类似刺激源，让孩子免受伤害。这不是克服或者暴露疗法能够解决的创伤。

除此之外，家长要努力去给孩子灌输——有勇气的生活不一定是不承认自己有创伤，也可能是接纳自己的创伤。

什么是对青春期孩子最好的爱

人们常说,对孩子最好的爱莫过于"无条件的爱"。但诚恳地说,这只是一种理想状态。人人都追当圣人,只会产生普遍性的虚伪。因此,我提出了"接近于无条件的爱"的概念,这是父母对青春期孩子应该采取的比较恰当、切实的态度。

具体来说,父母对于孩子应该运用"爱的八大法宝"(尊重、理解、接纳、包容、真诚、信任、欣赏、平等)。做到这些,便是对青春期孩子最好的爱了。

尊重是前提,是基础。很多孩子跟父母闹矛盾,不是争那些鸡毛蒜皮的小事,而是觉得父母并没有尊重他。作为父母,我们要认识到孩子是一个独立的生命个体,他不是你个人的延续,更谈不上是你的附庸。你要尊重他的个性,无论他多少岁。因为只有你尊重他,他才可能去尊重你。如果你不尊重他,那么一旦到了某个年龄,他也会弃你于不顾。在生活中,你要给孩子以独立的空间。遇到与他相关的事,需得询问孩子的想法,征求他的建议。反之,你若是整日偷窥孩子的日记,浏览孩子的上网记录,就只会让你陷入尴尬、难堪的境地。

理解是一种深刻的爱。理解孩子的情绪、感受和内在需求，需要父母极大的耐心和智慧。理解和懂得本身就具有很强的疗愈效果，在理解中长大的小孩一定是温柔的人。

接纳不是赞同，也不是鼓励，而是坦然接受、积极面对。接纳了彼此，大家才有沟通的必要。

包容是一种美德，它需要勇气。孩子一定有犯错的可能，作为家长的我们也得有包容的勇气，因为挫败往往对孩子来说是很好的成长机会。从某个层面来说，幸福都来自于痛苦，成长也来自于挫败。父母需要成为容器来容纳孩子失败，让他有面对挫折的勇气。

真诚是做人的宝贵品质。为人真诚，这很不容易，因为我们常常因为怕难堪和要尊严而撒谎。但对孩子来说，一个真诚的父母远胜过一个十全十美的父母。有的时候，孩子真的需要父母的一个道歉。那么，不妨就真诚地说句对不起。

信任是一种积极有效的心理赋能，它能带给孩子价值感。而有价值感的孩子不容易出心理问题。作为父母，我们要信任孩子有做事的能力，也要信任孩子承受得住挫折的打压。

欣赏或赏识，是一种高效实用的潜能开发。我们要能发现孩子身上的闪光点，给孩子以恰到好处的欣赏和鼓励。很多父母空有能力，找出孩子身上的一堆缺点，但却唯独缺少了挖掘孩子身上闪光点的能力。做一个好的父母，要有发现美、捕捉美、懂得美、享受美、创造美、分享美的能力。

平等是非常容易被很多父母忽略的。我讲的主要是人格的平等，孩子与我们一样，也是一个独立的生命个体，也有属于自己的秉性。

每一个孩子都有属于他自己的使命,而不必承担父母没有完成的夙愿。就如主持人白岩松所说,我平等对待我的孩子,他可以错,我也可以错。我要是错了,我也向他道歉。他要是错了,他也要向我道歉。

上面总结的爱的八大法宝,是遵循孩子成长规律的"道",远远优先于那些技巧方法。如果要把爱的八大法宝浓缩为一句话,那便是:作为父母,对孩子要理解和懂得。

第2章 重压之下,如何为孩子赋能

初中生活的多变,高中生涯的迷茫,无不挑战着青春期孩子的意志力。

在重压之下,青春期的孩子究竟该何去何从?

作为父母,我们又该如何助力他走过这段躁动而特殊的时期呢?请翻阅本章内容。

肖潇：生命难以承受之重

肖潇今年14岁了，读初二。本该读初三的年龄，却因为妈妈生病、爸爸长期出差，要照顾智力残疾的弟弟，而耽误了学业。

但肖潇的学习成绩一直不错，听话、懂事是她的个人标签，但她身上却总有着不属于这个年龄的成熟感。

最近，肖潇整日闷闷不乐，却也说不出为什么。她觉得自己胸口压着一块石头，堵得慌。

看见别的同学开开心心，她也想和她们一起玩耍。但自己一个人的时候，却又会不由自主地烦闷。

看着迷茫的她，肖潇妈妈哭了。

在听完肖潇的描述后，我明白了。她承受了太多，以至于无法释放。

在反复分析了这个案例以后，我想说，这个14岁的女孩子身上背负了太多，这是她年轻的生命难以承受之重。

作为父母，我们或许要学会为孩子减负。

肖潇的妈妈快50岁了，身体也不太健康，而她还育有一个智力缺陷的小儿子。整个家庭的重担和希望都落在了这个14岁的女孩子身上。

他们夫妻俩为这个尚且年幼的孩子谋划了太多的未来，而这是她远远不能承受的。以爱的名义、以孝道的名义，肖潇的身上背负了太多的枷锁。遇到事情，她总是考虑自己的家庭，而远非自己。

一个愁云惨淡的家庭，不幸福的母亲以及长期缺席的父亲，这个本该初绽、笑颜满面的小女孩又怎么会快乐呢？那又该怎么办呢？

解决方法

首先，作为父亲——家里目前唯一的收入来源，应该在努力地赚钱的同时，多关心自己的家人，而不是不闻不问。

其次，作为大病初愈的母亲也需要自己调整好心态，自怨自艾，不能解决任何困难。反而，让自己的女儿处在长期的压力之中。如果自己做不到，家长可以求助专业的心理咨询机构。

最后，肖潇要学会自己兼顾学业和照顾家人。如果一切以长期牺牲自己的身心健康来照顾亲属，那么就收获了两个病人。要照顾别人，首先要照顾好自己。

父母智慧时刻

母亲若安好，孩子便是晴天。

小蒙：可怕的"集中营"

各位读者，请看下面一组真实的数据，某重点中学高三毕业班学生的日常作息时间表。

5:25起床，5:50上早操，6:15开始早自习，7:00下课；

8:00上课，上四节课，每节课45分钟，课间休息10分钟，大课间休息15分钟；

13:30上课，上四节课，每节课45分钟，课间休息10分钟，大课间休息15分钟；

19:10开始晚自习，上三节课，每节课45分钟，课间休息10分钟，22:30熄灯入睡。

这些孩子每天需要上12节课，每周却只休一天。日复一日，循环往复。

在这种快节奏、高强度、高密度且持续一年的学习生活中，很多孩子都罹患了严重的胃病、神经衰弱，以及严重的心理问题。

高中阶段，尤其是读高三的一年，是许多人一生压力最大的一个阶段。有的人适应的了这种生活，但也有很多无法适应的孩子。下面，我将分享一个关于"学霸集中营生活"的案例。希望能够通过这个案例的分享，让许多父母能找到真正适合孩子的教育方法。

小蒙是个自律的孩子，一直以来，他很感谢父母从小教给他的生活和学习经验。

在高三的学习攻坚阶段，他还能够保持正常、平和的心态。他分享的诀窍是——自律、高度专注、偷懒。

小蒙说自己的父亲是一名军人，一直保持着良好的作息习惯。受了父亲的影响，小蒙从小就每天早晨5点起床，然后深呼吸7次，接着做两组拉伸练习。之后，洗漱、整理被褥一气呵成，晚上11点准时休息，从来不强迫自己在这段时间学习。

因为自律，他的身体状况一直相当良好，从来没有因为生病耽误学习，也没有因为晚上熬夜，造成上课时疲倦。

同样的，高度专注也需要练习。为了保证在学习和考试时能够高度专注，刻意练习的方法有以下几个方面。

① 盯着白云看5分钟。看它的形状变化，看它一会儿像苍鹰，一会儿像飞龙，一会像比卡丘。经过这样的练习，他能够在短时间内保

持关注、心无旁骛，同时也有利于他放松精神的疲倦。

② 速写练习。用笔在纸上快速书写，速度要快，但要字迹清晰。这样的练习，既可以保持专注，也可以提高书写的速度，为高考打下基础。

③ 观察身边的河流和山川。作为一名文科生，地理的学习十分必要，观察河流和山川既可以熟悉一些地理常识，同时也有利于自己想象力的培养，从而写出更符合现实的作文。

关于如何偷懒，小蒙介绍得不多，但他强调这是他成功的秘诀。作为一名学霸，他有自己的一套学习方法，能够快速地掌握知识点，同时也不耽误他吃饭、休息和放松的时间。

听了小蒙的分享，即便是可怕的高三生活，相信你也能坦然面对。作为父母，只要做好后勤工作，就可以万事大吉了。

诗雨：一到重要考试，我就拉肚子

诗雨今年读高三了，听她妈妈说，她一直听话懂事，与父母关系融洽。但每次考试，诗雨总会有一些小毛病，不是头疼、发烧，就是拉肚子。带她去医院检查，医生也没有查到什么器质性病变，各项指标均正常。

等考试一结束，诗雨马上就痊愈了。

其实像她这样的孩子，还真不在少数。

像诗雨的这种情况，在心理学上被称为"心理压力躯体化"反应，就是说当一个人压力过大或情绪糟糕时，身体就会出现一些不适。

确切地说，这不是一种病，而是一种应对压力的有机体反应状态。就像一个人上台演讲时，因为紧张，说不出一句完整的话一样。

诗雨因为非常要强，对自己有着高标准和严要求，因而过大的压力使得她的身体发出了讯号。过大的压力、莫名的紧张，使得她出现了一到重要的考试时就拉肚子的情况，这才引起了父母的注意。

解决方法

诗雨需要减压和自我松绑,更需要父母的接近无条件关爱,而且是不以成绩为衡量标准的爱。

父母需要营造出一个相对宁静、舒适的生活氛围,并且父母也要表现出淡然、轻松的情绪状态。长此以往,她的压力也就缓解了。

总而言之,在情感上,父母需要多陪伴、多谈心,举办一些简单的户外活动,让孩子走进大自然;在认知上,父母需要让孩子感受到——爸妈爱你,不是因为你的成绩好;在行为上,父母需要帮孩子降低标准,引导她转移注意力,懂得完成比完美更重要。

如何帮孩子制订合理有效的计划

如何帮孩子制订合理有效的计划？作为父母，主要有六点事项需要注意：①让孩子参与进来，共同参与制订；②父母要做表率；③执行要有力度；④条款要翔实、具体、可行；⑤实行PDCA循环提升模式；⑥最好要有"仲裁委员会"。

让孩子参与进来，一起制订，直接决定了孩子认不认可这件事。

让孩子自己主动参与进来，能有效调动他的主观能动性。与他协商讨论、签订自愿自发的和平协议，不要搞不平等条约，这样他才愿意遵守执行。切记，达到的目标是"启发、引导、平等、参与"。

父母要做表率。孩子的模仿能力强，所以父母要身先士卒，才有信服力。在生活中，我们见过太多只管教孩子守规矩，自己却没有遵守的例子，譬如，不让孩子玩手机，而自己却时刻捧着手机不放手；口口声声教育孩子说话要文明，自己却经常骂人、抱怨、发牢骚。一般说，一个好习惯的形成需要至少21天，如果固化下来则需要90天。所以，一定要坚持。

执行要有力度。协议的执行一定要严格，不可随性而为。要么就不做，要做就要做好。切忌朝令夕改、虎头蛇尾。

如果孩子哭闹、耍赖皮怎么办？父母态度要坚决。告诉他要为自己的行为负责，尽管爸妈也很心疼他。

很多父母做不到平衡，容易走极端，要么太宠溺，以至于没有底线；要么太强势，以至于让孩子感受不到尊重。

条款要翔实、具体、可行。契约切忌模糊不清，那样很容易钻空子、难以执行。比如要早睡早起具体到几点睡几点起？每次玩手机的时间是多久？……要具体翔实。

协议的可行性也很重要，如果标准高到难以完成，就没有必要采取。

实行PDCA循环提升模式，所谓PDCA即"plan do check act"，翻译为"计划、去做、检查、行动"。

先列计划，然后去做，随后进行调整，调整后再去行动，形成闭环的持续改进、循环提升的模式。

要有"仲裁委员会"，这是很关键的一条。仲裁委员会的成员一般是享有权威的家人，即爷爷奶奶、姥姥姥爷。他们的作用就是在发生纠纷时，出面干预调解，以达成和解。在这个过程中，你需要记住的关键词是平等、公正。

如果以上措施都解决不了你们家的矛盾，那么我建议你可以借助专业的力量，去寻求心理咨询师的帮助。

如何帮孩子远离"厌学情绪"

厌学的孩子遍地都是。在我接触的青春期孩子心理健康案例中,厌学①的案例占一半以上。因而,本篇文章,我想郑重地来探讨一下"厌学"问题。

一位焦虑的母亲找到我,她说上初三的儿子厌学。

孩子每天在家玩手机,开学后就不愿意上学,怎么说都不听,打骂也不管用。

学校说这样下去也不是办法,要不就休学吧。

他爸爸开车将他送到学校门口,可他死死抓住车门不下来,哎!愁死了!

这样的例子很多很多,相信许多家长也有着相似的困扰。下面,

---

① 包括不愿意上学、烦作业、害怕考试、不适应学校生活等。

我就为各位读者说说该怎么办。

一般来说，9岁（约三年级）以下的孩子，学习成绩不是他厌学的主要原因。在这个阶段，父母只需要让他和老师、和同学相处融洽，他就能安心待在学校。毕竟只有在学校，才有那么多同学来一起玩耍。

9岁以后的孩子呢，他厌学的原因就十分复杂了。总的来说，家庭没有形成良好的学习氛围是主因。

同样的一个孩子，在知识分子家庭成长起来的，与在整日打麻将、看韩剧的家庭成长起来的孩子全然不同。

同样的学校环境，同样的教学条件，乃至同样的师生同学，为什么孩子们之间有天壤之别呢？

因为家庭环境。一旦你让他熟悉了这种嘈杂凌乱的日常生活，那么，他怎么会觉得安静的教室是他的栖身之所呢？

孩子厌学，是因为他遇到困难了，他需要逃避自己的日常生活，从而躲进一个有安全感的环境中去。所以，在一个厌学的孩子背后，需要他的父母能帮他走出困境、克服压力。需要父母支持帮助、多些耐心，而不是火上浇油。

厌学绝不是一两天形成的，它是长年累月积攒的结果。因而，要摆脱它也需要做好打持久战、攻坚战的准备。要以愚公移山的精神，尽力帮他走出来。

人性都是趋利避害、趋乐避苦的。作为家长，我们需要想办法激活孩子的学习兴趣。

解决方法

首先,针对低年龄段的孩子,要从他感兴趣的事物入手,让学习和兴趣相结合。对着落日晚霞联系古诗词,对着公园花草遣词造句,遇到集市中编故事,在游乐园尝试用英文和孩子对话。这些都是让他生发学习兴趣的方法。

而到了"最头痛、最麻烦"的青春期孩子,父母也可以从日常情感入手,给予孩子最大的支持。

有一种智慧叫顺势而为。对待他们的厌学,首先,不要逼迫他,不要提上学[①]。

其次,运用"触底反弹"的策划,让他对此前向往、热爱的事物迅速脱敏、失去兴趣。

再次,运用"爱的八大法宝"来关心孩子,找准创伤,继续疗愈,如果家长朋友做不了,可以请专业的心理咨询师来化解孩子的心理压力和抵触情绪。

最后,尝试着来解决孩子学习中的困难,譬如帮助他补习薄弱的科目。

请注意,这里所讲的观点仅仅适用于轻度和中度厌学的孩子,希望能帮父母打开不同的思考视角

---

① 上学让他受伤,你提上学就是雪上加霜,我们先在家疗伤。

父母智慧时刻

我告诉你一个令人吃惊的真相——父母整天向孩子灌输"好好学习",是导致孩子厌学的重要原因之一。

如何让孩子爱上学习

有一天,我在驾校看到一张纸条,上面只写了一句话:姐是女司机。去年夏天,驾校有棵树。我去了之后,树就没了。

一则带有浓重性别歧视的段子,但它满足了一篇微型小说的全部要素,即时间、地点、人物、起因、经过、结果。

通过这个故事,你会发现学习往往没有我们所想象的那么难。很多时候,它可能就需要一点带有冒犯性质的幽默感以及想象力。

而我们需要做的,就是保持对日常生活的观察、洞悉和思考,世事洞明皆学问,很多事物都是相通的。

如果你还在抱怨孩子不爱学习,倒不如思考如何将学习和生活连接起来,让孩子对学习产生兴趣。

让孩子爱上学习的方法,我总结的有四点,即代入感、画面感、**故事感和情境感**。

一部优秀的作品,往往会让读者有很好的代入感,这一点在类型小说中尤为常见,只要你看了开头,就刹不住车了。这与我们之前谈到的共情力相似,也是心理学的方法来辅助孩子的学习。

而一部画面感良好的小说,往往会让读者有着很好的想象空间。

故事感则是针对比较年幼的孩子的学习良方，因为只有人物，他才能真正地记得住。

情境感，则讲究让读者置身其中、情景交融、物我两忘，学习的最佳状态莫过于此。具体到孩子学习中，就是在做练习的同时能感受到意趣，这样才有价值。

无论你用什么样的方法来辅导孩子学习，但如果能涉及心理学常见的这几类概念，那么他对学习的热情也能高涨起来。

如何帮孩子远离焦虑情绪

广义上所说的焦虑可以是全部负面情绪的总称,特别是在精神分析学派看来,焦虑是有机体常见的负向情绪体验和心理状态的表现,它导致了心理防御机制的产生和各种言语行为的发生。

而我们日常所说的狭义的焦虑是指个人对即将来临的、可能会造成的危险或威胁所产生的紧张、不安、忧虑、烦恼等不愉快的复杂情绪状态[①]。

在我接触过的关于青少年的咨询案例中,最常见的便是抑郁和焦虑了。焦虑一般指对即将发生的事物的不良心理,如考前焦虑;而抑郁则是事情发生之后的心理状态,如考试失利。在信息泛滥的时代,面对焦虑(抑郁暂且不表),应该如何自处呢?

① 深呼吸,这是有效方式之一。通过深深地吸气,然后缓慢而深长地吐出,来释放压力。可使用瑜伽式的腹式深呼吸。

② 冥想。闭上眼睛,想象让你感到平静、放松的情境(大海、草原、旷野、森林、湖泊、麦田),想象你徜徉其中,呼吸着富含氧离

[①] 商科类研究生对翻转课堂教学效果的认知和行为调查——独立学院毕业生就业的焦虑、抑郁情绪与 A-B 型人格类型相关研究,2018.

子的新鲜空气,听着虫叫鸟鸣,嗅着花香,望着白云,沐浴着和风,一切都那么惬意宁静。

③ 中医推拿。情绪压力、焦虑可通过放松身体来缓解。

④ 认知调整。无论是焦虑,还是孤独等负面情绪,我们需要对我们的认知做出一些调整。你越是接纳它们,它们对你的刺激和负面影响就越小。

即便在焦虑的当下,你需要做得依旧是继续行动。你越心无旁骛,你的状态就越好。除此之外,请合理降低你的期待值,你的目标就会越容易实现,你的焦虑值就越低。

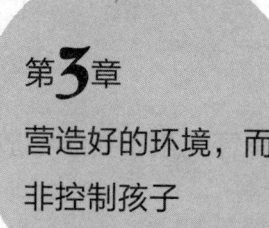

第3章
营造好的环境，而非控制孩子

有一位母亲曾问我:"说什么孩子都不听，总觉得我在害他似的，这是怎么回事?"其实，这哪是孩子觉得你害他，只不过是孩子比较反感被你控制而已。

一直以来，"问题孩子"出现最多的家庭，就来自于那些控制型的父母。为了深入分析，我将控制型分为绑架型、吸血型、绞杀型、窒息型。在这一章，我将对此进行颇为深入的研究和调查。

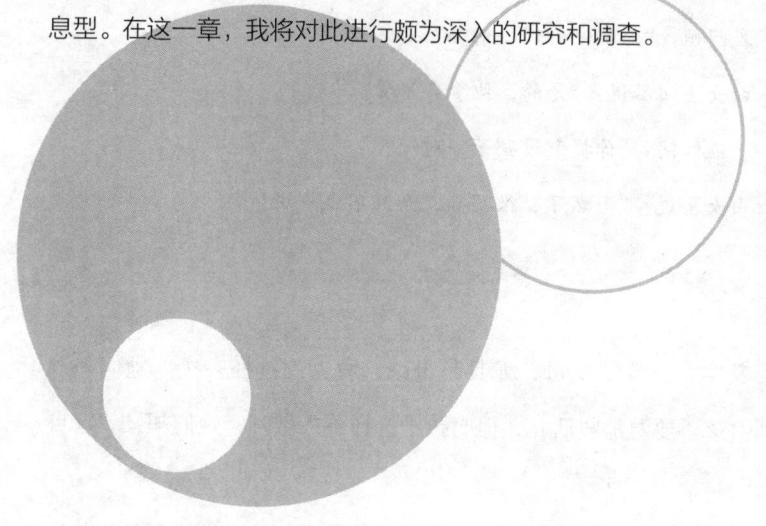

对青春期孩子要学会放手与接受

"你知道吗？我儿子啥也不干。别说家务了，他的东西从不收拾，衣服都是我洗，都16岁的大小伙子了，哎！"

白女士不止一次地强调。凭着心理咨询师的职业素养，我隐约感受到她还是有些享受帮儿子打理日常生活。

口头上的排斥和反感，不代表潜意识里的想法。

我问她："你帮他打理一切吗？"

白女士回答说："是的，他爹又不管。"

我继续问："你提醒过孩子，对吧？"

白女士说："当然了，很明确，而且不止一次！"

其实，这样的父母，尤其是母亲，我遇到过许多次。她们一遍遍嘱咐孩子要做那些活儿，但当孩子选择不去做时，她们却又"亲自出马"。

许多年之后，一个年幼的孩子已然长大了，然而她的母亲依旧为他操办着一切。不得不说，这真是一桩悲剧。

解决方法

如何让孩子有自理能力？首先，要让孩子学会担责，为自己的选择负责，同时也为自己的错误买单。

属于自己的责任，父母无须替他承担。在经历过先前的慌乱和不适后，他自然会减少对父母的依赖，养成好的行为习惯。

很多父母会说，我明白，但是我做不到。没有定力，就容易丧失原则，就容易被孩子"欺负"。

有智慧的父母都有定力，当你在纠结帮不帮孩子时，请闭上眼睛，深呼吸三次，内心默念：为了孩子，一定要忍住。

对父母来说，体验是孩子最好的学习，经历是孩子最好的成长，而不是说教。对孩子来说，为了自己的幸福，请大胆拒绝。学会对自己负责，这是莫大的成长。

父母智慧时刻

幸福，来自于痛苦；成长，来自于磨难。不让孩子去经历，就是剥夺孩子的成长。

要孩子改变，大人要先改变自己

儿子上六年级了，只知道玩手机，也不与别的同学交流。

最近总和我顶嘴，处处对着干。

现在一看到他，气就不打一处来。看见他就烦，我该怎么办？

据我所知，这样的父母真不少。

这些父母往往早年间也被父母苛责、嫌弃过，以至于时隔多年，烙印仍深深地刻在了内心深处。

既压抑了自己，也使得他们将目光投射到了孩子身上，具体表现为不接纳孩子，其本质上也是对自我的攻击。

解决方法

既然，这位母亲的做法是无效的，且对孩子的成长有害，那么作为一个称职的母亲，应该如何纠正这些错误的观念和做法呢？

①个人成长永远是第一位的。当自己训斥孩子时,首先想想自己做得如何。不妨做三次以上腹式深呼吸,让自己平静下来,然后再去思考要如何教育孩子。

②学会接纳。孩子有孩子的做法,孩子也有孩子的想法。

在每一次想要横加干涉时,要想到他是另一个活生生的个体。就如西哲所说的"我不赞同你的观点,但我誓死捍卫你发表观点的权利"。也跟孔子曾经所说的"君子和而不同、周而不比"的道理一致。

除此之外,接纳并不是赞同,更不是鼓励。它是一种态度,一种对人的态度。只有在尊重对方的前提下,才可以对他的做法提出质疑。

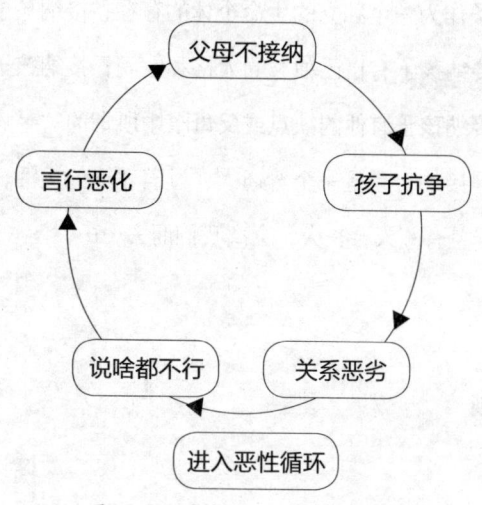

图3-1 不接纳孩子的逻辑图

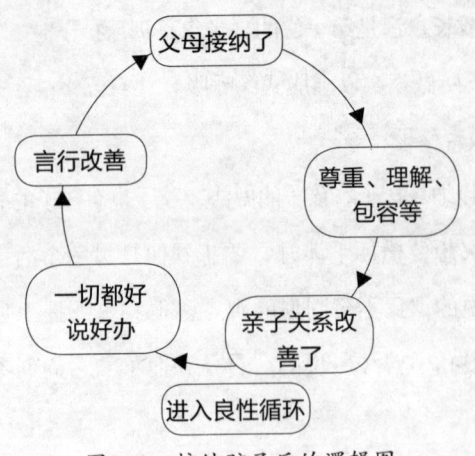

图3-2 接纳孩子后的逻辑图

那么该如何接纳？请尝试按照方法进行练习，并不断强化。

接纳孩子作为一个独立的生命个体的存在；接纳孩子有自己的想法、感受；接纳孩子有自己独立的人格和空间；接纳孩子与我们有很多的不同；接纳孩子有他的缺点或父母眼中所谓的"毛病"，因为我们也不完美；接纳自己是一个普通人，过着普通的生活，而孩子也一样；接纳孩子总有一天会长大，会离我们而去……

父母智慧时刻

对孩子的态度，决定了孩子对自己的态度；与孩子的关系，决定了孩子和自己的关系。

老师,我有"恐妈症"

一位15岁的小姑娘用略带疑虑的口气说:"我有重度焦虑,我还有'恐妈症'!"

我略有惊愕,顺势问:"孩子,'恐妈症'这话怎么讲呢?"

小姑娘说:"哎呀,你不知道,我一看见我妈就紧张,大脑一片空白。我走在大街上,就怕我妈突然从哪里出来责骂我一顿。现在也不敢出门,因为'草木皆妈'啊!我爸也是,根本没法帮我,整天被我妈骂得跟流浪狗似的……"

话说"恐妈症",很多人都没有听说过。我也没听过,但我想分析一下这个话题。

案例中提到的家庭,我们在日常生活中也经常能看到。这样的家庭,一般包括以下特征:①父亲缺位(可能是妻子太强势而被迫的);②母亲强势。

害怕妈妈的小女孩如果不进行干预,日后或者会变成如母亲一般的强势女性,或者会变得唯唯诺诺,全然没有自我。不论怎么说,这都是一种悲哀的延续。

成长于控制型家庭的孩子,要么奋力抗争,要么就被控制型的父母完全束缚。而在这则案例中的女孩选择了一条迥异于他者的道路。她既没有抗争、叛逆,也没有妥协。她只是在纠结,充满着各种内心冲突。面对如此悲剧性的命运,这个女孩应该怎么做呢?

解决方法

"有一种爱,叫作放手",或许对这个女孩,父母学会放手,懂得放手,应该是她最好的出路了。

面对青春期的孩子,父母要学会"退居二线",让她自己去经历,遇到困难时,父母则应该带着她克服,注意是"帮"孩子,不是"替"孩子。

父母智慧时刻

现在你让孩子恐惧,未来孩子可能会让你恐惧。

学会正向表达

阿鹏在咨询室失声痛哭:"我太难过了!我爸妈从没有肯定过我,我这也不行,那也不行!你真没用……"

"老师,我非常自卑,我觉得活着也没意思了……"

读初三的阿鹏,正值青春年少,却一点也看不出朝气。

他仍在哭诉着,让人揪心,更让人无奈。

这种事情可能就在我们身边不断上演。看着电视新闻中的悲剧,我不由得感到痛心。

现实中有不少家长用各种语言否定孩子,可能是无意识的,但影响却是实实在在的,伤害也是实实在在的。

在亲子沟通中,一项很重要的原则就是——不直接否定孩子!哪怕是他错了。

如果你一再打击孩子,孩子看见你就怕,那么你就失去了与他沟通的机会。

孩子就是孩子。经常被家长否定,他的自我价值就会严重受损。

一个没有价值感的孩子，是很容易产生轻生念头的。此外，经常被家长否定，孩子就会自我暗示——自己是不值得被爱的。

否定孩子，看似是你在提醒他不要变成这样，但实质上却是长成了你阻止他的样子。

解决办法

首先，作为家长，你要学会正向表达。简单点说，就是要坦诚，夸奖要真诚，批评也要真诚。

其次，你要学会鼓励、肯定孩子，而不是否定孩子。在具体的事上，要学会鼓励、表扬孩子。

最后，你要学会启发、引导孩子。如果他做错了，先不要急着否定他，而是要带着关心与好奇，跟孩子探讨。

父母智慧时刻

很多时候，不是孩子真的不行，而是做父母的不够智慧。

你是教练式的父母吗

"我给你说了多少遍了?你记住吗?你怎么和你爹一个样。快点,浩然,我再告诉你一遍,这事你不能做。"

"你看看,上次你同学不是让你吃苦头了吗?我和你奶奶说过多少次了。你长长记性,老大不小的孩子了,怎么那么不让人省心啊。!"

这样的家长,或许你经常看到吧!这样的方式,你在别的地方也经历过吧!在两者之间,有一些相似之处在发挥着作用。

话说,有一位女士去儿子同学家串门。

去了才发现,那位同学的妈妈不停地数落着自己的孩子。

后来,她问儿子说:"我平时也这样对你吗?"

儿子在旁边冷笑说:"哎呀!这真是一面镜子啊!老妈,您终于'醒悟'了!"

与之前的例子相似,数落自己小孩的母亲往往很难发现自己的过错。他们也缺少倾听孩子心声的机会,往往每天上演的就是这样不间歇的唠叨。

很多时候,就算孩子表达了自己的感受,他们也听不见。作为父母,应该怎么做呢?

解决方法

作为父母,首先当孩子发言时,不要轻易打断。要了解他们的诉求,往往要听完他的发言才能得出。

其次,父母在倾听发言的过程中,要保持客观、中立的原则,不要想当然,也不要先入为主。

最后,要注意自己的姿态,当孩子在发言的时候,父母要将注意力放在他身上。

父母智慧时刻

有倾听,才有交流,说教解决不了任何问题。

相互尊重,做出弥补

一位初三男生的母亲,在接受心理咨询时坦言,她经常对孩子的未来感到悲观,于是说了很多不中听的狠话。

孩子听说后,认为是当妈的在诅咒他,因而就离家出走。

这或许是很多家庭的一个缩影,无休止的争吵使得母子的关系陷入僵局。其实,作为父母,你可以做得更好。

很多时候,当你向孩子输出负能量时,对方回应你的还是负能量。当你向孩子输出正能量时,对方也会以正能量回应你。

青春期的孩子,为什么一定会听父母的话呢?作为家长,我们是否可以多一些耐心,多一些智慧。

一个孩子从婴儿到儿童,从少年再到成年,每个阶段都有着迥然不同的特点。对于一个十几岁的处在青春期的孩子,让他完全听父母的话,是不现实的。

我们需要做的,不是要孩子听话,而是要有话好好说。

当你选择尊重他时,孩子才愿意和你交流。而训斥和攻击,只会让他远离你。

解决方法

当你成了父母,你就要学会情绪管理。当你要发火的时候,请保持冷静,闭上眼睛,让自己冷静下来。同时,你要保持思考,询问孩子的时候要耐心。你可以说希望爸妈怎么帮你呢?或者你打算做点什么?

相信只要你好好说话了,你就能得到孩子的信任。

将不良行为转向积极的方面

三十年前,坊间有一句话"多一个孩子,不就是多一张嘴、多一双筷子,好养活。"这句话具有鲜明的时代特色。

在今天,如果你只关注孩子能否吃饱穿暖,那么你将会成为一个失败的父母。

如今,孩子的需求已经升级迭代了。他们有归属感的需求,也有被尊重的需求。

当然,这不是个例,而是普遍现象。作为家长,我们要顺势而为,而不能悖逆时代潮流。

如果一个孩子,感受不到父母的关心。父母应该怎么做呢?

我理解一些父母委屈的心情,的确付出了很多,但收效甚微。可能是因为没有关注到对方心坎上。

很多父母往往关注到自己有许多付出,但从来不看孩子需不需要。很多时候,孩子的不开心,不是表现在物质层面,你不曾满足他。而是你失信了、违背承诺了。而正因为如此,孩子们会感受到你不在乎他。

作为父母,遇到此类问题,千万不要只看表面,要分析孩子行为背后的动机。

很多时候,你没有很好地与孩子"谈心"。

很多时候,你滔滔不绝的说教,孩子并没有听进去。

现在,我们来讨论爸妈不爱我!这真的是孩子的心声吗?

其实不然,这可能只是他在抗议。

听到这句话,你也不要太悲观、太伤心,也不用为这句话较真。多年的亲子感情也不是说没就没,哪怕吵闹得再凶,也只是互相埋怨罢了。

观察与聆听肯定比逼问有用

我家孩子14岁,但他什么都不跟我们说。我想知道他怎么了?

我和他爸爸与孩子几乎没有交流,你说这个孩子是出什么问题了?

处于青春期的孩子,很大程度上并不愿意和父母交流。他们渴望有自己的空间。长此以往,亲子间的有效沟通几乎为零,我将它称之为"沟通零点"。

很多时候,孩子想说的话,父母是听不懂的,而父母想说的话,孩子也是不愿意听的,因为说的都是一些好好学习一类的正确的废话。

孩子的倾诉,换回来的一顿数落。在经历了一次又一次挫败之后,孩子无奈甚至绝望地放弃了。

大量咨询案例表明,父母不太关心孩子的感受,也搞不懂孩子的情感需求。父母往往只在乎对错,从而引起孩子更大的反感。

只要孩子愿意向你倾诉心里话,这就是难能可贵的表达。孩子的这种自然流淌需要保护,一定不能伤害。

解决方法

作为父母,要保持开明开放的家庭氛围。往大处讲,要像中国文化一样具有开放性、包容性;往小处说,你要有接纳的胸怀。当孩子发言时,请选择耐心地听他说完,尽量不要主动评判——你不对,你错了,你怎么能这样?

如果你有疑问,你可以用启发、引导式的方法去问他:"刚才你讲的这件事,你是怎么看的?妈妈想听听你的看法。"

作为父母,要保持话题的丰富性。可以跟孩子谈一谈有思想、有境界、有格局的事物,譬如艺术、绘画、电影;也可以谈一些近况,譬如和小伙伴关系怎么样?

作为父母,要保持一份好奇心和探索心。处在青春期的孩子,往往对外界的世界有很大的好奇。你对孩子的表达要真诚地倾听,不论他说的是"二次元"还是"鬼畜视频",我们都要抱着学习的态度去了解。

父母智慧时刻

很多父母让自己的孩子看见自己就烦,这是一件悲哀的事情。

改变认识是打开孩子心扉的重点

"你说,我听着。"小浩有些不屑地说。他头都不抬,跷着二郎腿,摆弄着鞋带。

"我说什么呢?我也不知道说什么呀?"我也很无奈的回应。

"呵呵,你不就是我妈派来的救兵嘛。"

"啊?我站错队了吗?"

"小浩同学,我是咨询师。"我真诚地表达。

他仍然不说话,好像陷入了尴尬境地。

"我有病吗?有心理疾病吗?"

"我没看出来。你妈也出去了,咱不谈这个了。咱俩下盘象棋吧,我知道你很厉害,但叔叔也不是吃素的。"

"那好吧!"

二十多分钟的苦战后,我还是输了。

小浩,以我这智商,你觉得我能说服你吗?

他听了有些不好意思地笑了……

通过这次的咨询，我和小浩建立起了基本的信任和互动关系。这很宝贵。小浩好似遇到一个理解他的人，开始向我倾诉。

众所周知，这样的案例比比皆是。

我接触过很多让人哭笑不得的家长朋友，当他们认为接受咨询就是让本和我毫无交集的孩子与我直接对话。

而我想说，有99%的孩子大概会直接拒绝！首先，孩子和咨询师一点也不熟悉，信任更是谈不上。其次，孩子一点准备也没有，他一时也无从说起。最后，在这个过程中，作为家长，你征求过他的同意吗？

孩子只会本能地以为咨询师是父母搬来的救兵，因而会产生抵触情绪。但其实只是浪费一次摊开自己内心的机会。

作为心理咨询师，我不做父母的救兵。我只想成为孩子遭遇烦恼时的陪伴者、倾听者、疗愈者和助力者。

解决方法

解决问题的关键，就是要运用恰当的方式方法。以厌学为例，解决此类问题的方向，是要和孩子建立起基础的信任。如果他一直选择反抗，那很多后续措施都无从谈起。当他选择信任时，作为咨询师的父母就可以登场了！

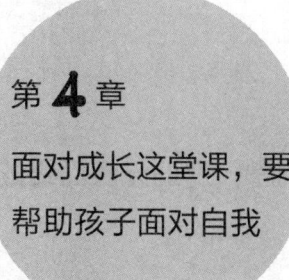

第 4 章

面对成长这堂课,要帮助孩子面对自我

孤独是人类的终极话题。关于孤独的讨论,在青春期的孩子身上最能体现。

在人生的迷茫期,对于那些日常感到孤独的青春期孩子,作为父母的我们能做些什么呢?

晓露：那些无疾而终的感情

正在读大二的晓露，现在非常苦恼。

之前谈了几段失败的恋爱，让她身心俱疲。用她的话说，每次开始时都很甜蜜，但随着交往的日益深入，分歧便产生了。

晓露说，她总觉得他不爱她。无论男孩怎么解释，晓露都无法信任。一而再，再而三，他俩就分手了。

深爱着的双方却不能在一起，这是一桩多么悲哀的事情啊。

听到这个悲伤的爱情故事后，我为此还找了男孩来询问。

在男孩的眼中，晓露是个异常敏感脆弱的女孩。她时常怀疑自己对她有所不忠。而在晓露的眼中，男孩也是一位优秀的人，但总是觉得彼此的距离过远。

为什么会发生这种情况呢？这或许还要从晓露的原生家庭说起。

晓露有着不幸的童年，父母之间争吵不断，甚至偶发家暴。在目睹了这种悲剧性的事件之后，晓露对婚姻的态度转变了。

到后来，她只愿意跟爷爷奶奶一起生活。她从小就想着逃离这个家,觉得一切不幸福的根源就在于她的家庭。

在她的口中,嫌恶这个词被屡次提及。她嫌恶父母不疼爱自己,也嫌恶自己常常陷入爱情。长此以往,她变得敏感且脆弱。

在她的眼中,哪怕男朋友的一个眼神、一句话、一个不经意间的表情,她都有异常剧烈的反应。她觉得少有人理解她。

她缺爱,更缺乏安全感。虽然有着一段段的恋情,但她总是纠结于对方何时离开自己的世界。

解决方法

晓露需要有人来倾诉,帮她修复曾经罹患的创伤。但她同时又拒绝有着亲密关系的人来过分地靠近自己。

此时,或许当一个陌生人询问她的悲伤时,她才能够坦然地剖析自己的内心。

换个角度讲,晓露其实一直是个受伤的小女孩。她在无意识地考验男友,只是因为她很难坦然地接受对方的爱意。

如晓露一样遭遇的人,就需要一个相当体贴的家人,能够包容她,坦诚地告诉他一直在。陪她走过四季,陪她迈过青春,那么她的缺爱的状况也会被时间治愈。切记,面对这样异常状况的晓露,作为父母的我们不要使用冷暴力。

也许,每个受伤的人都需要陪伴,才能走过那些泥泞的道路。

父母智慧时刻

对于敏感、缺爱的孩子，或许作为家长的我们应该多一分耐心。

对热衷思考死亡的孩子，我们应该做些什么

崔女士不解地对我说，12岁的女儿，经常把"哎，活着真没意思！""死了会是什么感受呢？"挂在嘴边。

她也不敢问，一问孩子就哭。为什么现在的小孩整天都压力这么大呢？太恐怖了。

崔女士的困惑，我们可以在很多家长身上看到。

我问了崔女士一个问题，你和你爱人的关系怎么样？

在接下来的半个钟头，崔女士事无巨细地历数了丈夫的种种毛病。

我又问她，你打算什么时候离婚呢？

她呆呆地看着我，久久地不发一言。

也许，我找到了崔女士的恐慌，也找到了崔女士女儿的伤痛。

身处一个母亲喋喋不休、父亲杳无音信的家庭，就别提她女儿的幸福指数有多低了。幸福指数越低，就越爱思考死亡问题。

而在一个亲子之间有着和谐关系的家庭，女儿是决计不会想着

死的。

　　身处青春期的孩子，想象力极其丰富。他们有着旺盛的好奇心去观察周围的人，一对爱情早已消失的父母，怎么不会让她觉得绝望呢？

　　在她的眼中，原本应该是圆满的爱情竟然这么容易就破碎了，怎么不会让她觉得人生失去了某些光亮。

　　当我们将目光投向孩子生活的世界，我们能发现他们生活在网络、影视剧的粉色泡泡中，那些五光十色的美好生活中却单单缺乏了真实。

　　那些为了爱，死者可以生，生者可以死的爱情观毒害了一代人。那些愚蠢至极、缺乏科学精神的电视剧让他们很容易相信——爱能够战胜一切。

　　但人性是复杂的，社会也是复杂的，身处这个染缸一般的世界，我们又怎么可能只有单纯呢？更何况，单纯也是知人事之后选了单纯，而不是无知式的单纯。

　　对于青少年来说，我们还是要给他们营造一个适合阅读的家庭环境，教科书只是日常知识的补充。人对这个世界的认识，远非读了几本教科书能够解读的。

　　他们需要大量的阅读来扩充自己因经验和阅历不足带来的认知局限。而非是看了几部热血的动漫电影，就能够读懂死亡的终极意义。生与死远非那样容易，也绝非那么轻松。

　　在阅读经典小说所带来的冲击和挫折感，有助于他们理解人类的某些行为、某种无奈。况且，在阅读中感受挫折，也好过经历现实的巨大的挫折，那只会让他们幻灭。

一个重复了一千次的谎言，只会让戳破谎言的人震惊而死。在阅读过程中感受挫折，倒是可以让他们好好思考人生的复杂性。拥有思考才可以让孩子远离那些非黑即白、非此即彼的"二极管思维"。

当我们欣赏一幅艺术作品时，我们可能会看到很多。我们既可以看到作者对一类普通人寄予的同情，同时也能看到他对一类普通人的讽刺和挖苦；我们能看到作者对于民族和国家的热爱，同时也能看到他对政权和统治者的嘲讽；我们能看到作者本人的深情，同时也能知晓他曾经也有不端的行为。

在了解了这一切以后，思考人生才变得有意义。死亡不是一切的终结，它也是作为生的一部分被人们所缅怀。

到那时，她可能会明白，也许生活本身就是一种意义，破解无意义的过程也是一种意义。

解决方法

作为父母，我们可以让青春期的孩子多阅读一些经典作家的文学作品，譬如菲茨杰拉德、毛姆、海明威、芥川龙之介、樋口一叶、残雪以及沈从文的作品，让他们从这些作家的身上体会复杂且矛盾的情感以及无边无际的生活本身。

除此之外，家长也可以带他们参加一些离世亲友的葬礼，让他们接受一点关于死亡的教育，珍惜自己拥有的一切。让孩子明白可能只是他足够侥幸和幸运，不是所有人都有着与他相同的条件。

让孩子走进人群，感受"那些揪心的玩笑与漫长的白日梦"，感受那些异常宁静的午后的蝉的哼鸣。

父母智慧时刻

对于孩子来说，有想法不可怕，没有想法才可悲。对于父母来说，要保护好孩子的想象力。

小宇：作为学霸的那些困惑

他叫小宇，是省城最好的中学的学霸，同时还是班长。

当他走进咨询室后，那一双稍显深邃的目光吸引了我。沉默良多，他说："老师，我人生的意义是什么？"

我看着他的眼睛，他也打量着我。

我说："你能告诉我，我的意义是什么吗？"

他只是喃喃地说："我也不知道。"

我说："那你的意义，我也不知道啊！"

我们还是顺利交换了人生故事。我知道了他的秘密，他也知道了我的。

小宇的家境还算殷实，父母以打鱼为生，有着自己的渔船。因为特别忙碌，小宇是由爷爷奶奶抚养长大的。

后续的咨询持续了几个月。这是一个智商超高的男孩。对待他，我无须讲述那些心理学术语，但我发现了他的迷惘。

小宇一直想追寻人生的意义，也许是忙碌的学习生活令他生厌，也许是异常笔直的道路限制了他。

这些我都没有问，因为这毫无意义。我们总是觉得情绪是坏的事情带来的副产品，譬如因为失恋这件小事，你会感受到痛苦；譬如因为中了彩票，你会感受到狂喜。但其实，情绪只是人正常的生理产物。

就如不会只有所谓正能量，就没有负能量一样。多么伟大的灵魂，多么高尚的灵魂，他都会分泌出负能量。那些所谓的负能量告诉你，你或许应该换一条崭新的跑道，不必成为一个令人羡慕但却失去快乐的"小镇做题家"。那些所谓的负能量也同样告诉你，你不必在内卷的大潮中，奋力地做一条逆流而上的大马哈鱼。

作为父母来说，要敢于让孩子流露出真实的情绪，要敢于让孩子明白——如果生活波澜不惊，那你的灵魂就会变得孤独。

也许只需要与孩子的一次谈话，一次郊游，你就能让孩子明白——逛动物园也是一件正经事。如果孩子感到孤独了，那么就可以偶尔停下来看看窗外的云。

父母智慧时刻

心理咨询的终极意义就是用灵魂触摸另一个灵魂，而这工作最好是父母自发的。

家长要如何处理自己的负面情绪

一位母亲打电话向我咨询。在她的口中,女儿是个叛逆的人。

于是,我问她:"你女儿现在怎么样?"

她说:"吃了安眠药,刚刚抢救过来。"

过了两周,她再度来电,我问她女儿怎么样了?

她说:"我不知道,她太叛逆了。"

这样的母亲,在生活中很罕见吧!但她的反应,却很常见。她对女儿的态度深恶痛绝,对她的现状则语焉不详。

在这类母亲的嘴里,处在青春期的女儿只有矫情、不切实际和胡思乱想。而在女儿的嘴里,这类母亲只有野蛮跋扈的行为。

对于母亲来说,孩子是感性的,只有自己很理性;对于孩子来说,母亲是感性的,只有自己很理性。或许这就是人们常说的"达克效应"。

能力欠缺者往往沉浸在自我营造的虚幻的优势之中,因而常常高估自己的能力水平,却无法客观评价他人的能力。

现实生活中,父母并不总是与子女形影不离,但却总以为对自己的子女了若指掌。不知不觉间，父母和子女的距离就被拉到无限远。除了成绩和名次之外，你可以说出孩子的好友是谁？闺蜜有几个呢？她最爱的老师是教什么学科的？还有她最爱的明星是谁呢？

不要怪孩子不告诉你，也许她告诉你了，你也会假装听不见，听不清，听不懂。于是，就没有下一次了。作为家长，我们不可能做到百分百地读懂孩子，但也不要太过于傲慢。

解决办法

孩子有什么事不跟家长说，可能是压制得过多，也可能是说教太多。

对于孩子，首先一定要有耐心。其次，也要对他们有信心，给孩子一定的自主权，让他去自己经历。或许，他才能感受到此前你对他的庇护有多深。

最后，要对孩子多一些包容、理解，可以替他分析利弊，但却鼓励他自己拿主意。

父母智慧时刻

孩子是一本书，需要我们细细地读。

当孩子说自己叛逆时,他想表达什么

孩子往往以叛逆标榜自己,这可能是为了彰显自己的个性[①]。但对父母来说,叛逆是个带有指控色彩很浓的词汇,我们不要每时每刻把这个词挂在嘴边。

叛逆,不代表面对这样的孩子,我们就束手无策。

假如孩子爱看动漫,爱打游戏,作为家长,我们不要过于恐慌和反应过度。虽然这些都可能造成孩子成瘾,但却不是所有的孩子都会成瘾。

你首先需要深入了解,他是对游戏痴迷,还是喜欢游戏中的某些人物抑或是某类情节。了解了这一点,或许你就可以用具备相同元素的书籍或活动来代替。如果他只是为了消遣,那就更好办了。替他找到一项更好的、更有益的消遣活动,他便会对此迅速祛魅了。

代沟,或许不是因为年龄产生的,也可能只是因为兴趣点不同。有时候,我们要乐于向孩子展示自己,展示自己的爱好,展示自己的兴趣,展示自己的生活。虽然大多数的家长也是普通的,但因为爱好

[①] 独立、敏感、梦幻、独特、反抗、迷茫、激情(高能)、多变、孤独。

和兴趣，每个人都是不同的个体。

孩子的爱好，我们或许不懂；但我们的爱好，或许他们也有兴趣呢？我经常目睹那些相处融洽的家庭，常常一起钓鱼，一起爬山，一起打球，一起下围棋。他们没有因为年纪或者权威就将自己的孩子隔绝在自己的爱好之外。

我们都知道，活在自己的世界里的人是孤独且封闭的，那么为什么要做这么无聊的大人呢？

或许，你也对孩子的爱好很感兴趣呢？不要先入为主，也不要傲慢，孩子玩的东西或许从来都不可笑，也不浅薄。浅薄的是，我们一直以来的偏见。如果你能很好地了解孩子，尊重和理解孩子，或许你的家庭也变得美满了呢？

同样地，如果孩子不与外界接触，终日待在自己的世界里，那你可要小心了。你需要尽早地寻求第三方或者心理咨询师的介入。

育儿是一项艰辛且漫长的工作，在这个过程中，我们需要不断地突破我们认知的盲区。

不要以叛逆为名，将孩子隔绝在独属于他自己的世界里，也不要以叛逆为名，将自己的世界不对孩子展开。这都是不可取的。

请谨慎对待"阳光型抑郁"的孩子

一位初中班主任告诉我,他们班的小萌是一个阳光开朗的女孩,特善良,爱帮助同学。

没想到,做了一次学生心理测评。结果显示,她竟然有抑郁倾向。她的家长带她去省精神卫生中心检查,显示小萌呈中度抑郁状态。

作为老师,我也很纳闷。那么一个乐观开朗的孩子,为什么会抑郁呢?现在的孩子是怎么了?为什么这类疾病如此高发?高老师,你给我解答一下吧。

对于小萌这样的症状,医学上有一个词叫"阳光型抑郁",也叫"微笑型抑郁"。

所谓"阳光型抑郁"是指一个人外表呈现出阳光的状态,但内心深处却呈现比较低落、无助、无力、抑郁的状态。

这种内外的差异会"欺骗"许多人,甚至是病人本身。这类疾病通常不容易被发现,因而对个人和家庭的伤害特别严重,值得更多的人注意。

"阳光型抑郁"虽然是最近十几年才出现的新概念,但这种现象其实一直都存在。纵观我们熟悉那些影视圈名人,譬如周星驰、张国荣,乃至金凯瑞都曾罹患过此种病症。在社会生活中,也许曾与你迎面相遇、耐心微笑的人就有这种病症。

他们虽然表面平静,但内心却十分阴郁,阳光并不能遮蔽他们内心的压抑。这种抑郁的背后,其实有很多深层面原因。譬如,他们觉得自己如果不开心,就会失去朋友,或者他们觉得通过伪装能减缓他们的焦虑。

解决方法

我一直倡导读者,看问题永远不要只看表面,否则你将被"骗"得很惨。面对"阳光型抑郁"的孩子,我们该怎么发现并预防呢?

① 提升观察力。洞察什么?看孩子的眼神。眼睛是心灵的窗户,眼神不会骗人。

② 看细节。微妙的细节里往往藏着真实的东西,如情绪和情感。观察孩子的微表情,包括且不限于嘴角、眉弓等部位。注意孩子的肢体动作,譬如四肢、躯干和头部。观察他的动作是否是舒展的抑或是僵硬的,可以解读出很多内涵。

③ 捕捉瞬间的反应。某些瞬间,潜藏着真相。譬如不经意间的语言表达。

那么，如果发现孩子存在此类的问题，要采取哪些干预措施呢？

对那些罹患"阳光型抑郁"的孩子来说，家庭的支持显得尤为重要。

有效且"走心"的沟通，高质量的陪伴和倾听，还有家人的积极回应，这些都对缓解抑郁情绪有着鲜明的改善作用。

父母智慧时刻

提升洞察力，做智慧父母。

29岁还没有迈过青春期的"孩子"

肖鹏今年29岁了,他的父母一再逼婚,但他告诉我,他从未有过亲密关系,更遑论爱情了。

他还告诉我,他妈妈为他相中了一个姑娘,但自己却对人家丝毫没有动心。妈妈却非要催促他尽快与人家约会。

面对妈妈的逼迫,他显得无所适从;若是坦然地告诉母亲实情,他却又于心不忍。

他无助地问我:"老师,我到底该怎么办?"

但我却无法直接给他答案。我只能提问,他与母亲的相处模式是什么。其实,我只是想告诉他,他需要自己想清楚。

后来,他告诉我,他打算与母亲畅谈一次,希望母亲能给他一些自主选择的机会。

但很快地,他又放弃了尝试。他说他不希望违背母亲的意愿,做一个不孝顺的孩子。

我没有再说什么,我只是让他再想想。

对于29岁的肖鹏来说，在许多读者眼中可能是一个不折不扣的"妈宝男"。所谓"妈宝男"，用我妻子的话说，就是没有自我的人，他只有他的母亲。

当面对一个女孩时，他也习惯了先问自己的妈妈——他们之间是否真的合适。

我认为一个标准的"妈宝男"，应该有以下几个方面的特点。

首先，他习惯了遇到困难时，第一时间去寻找母亲的帮助，而不是一个成熟的成年人那样选择自己去解决。

其次，对于母亲的教诲，他记得很清楚，他们经典的口头禅是"我妈说过"和"这是我妈说的"。

再次，遇到问题时，"妈宝男"喜欢逃避，因为他们的独立性差、自理能力差。他们喜欢推卸责任。

最后，他们没有自我意识、自由意志和独立能力。

著名精神分析学家温尼科特的名著《游戏与现实》中说："一个孩子是踏过成人的尸体而成年的。"

一个没有自我的"妈宝男"的背后，必然有着一个异常强势的母亲。在他和母亲的战争中，起初他一直投降，直到他最后一次的胜利是摧毁整个家庭。

解决方法

对于缺乏独立人格的"妈宝男"来说，蜕变的第一步是学会为自己负责。

而对父母来说，首先需要改变自己的观念。对一个弱者，保持强势，是愚蠢且卑鄙的。孩子是一个独立的个人，他不是你的个人所有物。就如你不能替你的老板去做每一个决策，你也不能替你的孩子做决策。

对强者献媚，对弱者强势，只能说明你的自我认知出了问题。因为我们都知道——与其教育孩子去做一个正直的人，不如自己首先去做一个正直的人。

作为家长，我们不需要建立起多么权威、多么高大的形象，因为你只是个普通人，人为地附加光环，只能让光环褪去得更快。

要学会适当放手，相信孩子。因为那是他的人生、他的专长，而非你的。你可以为他做一辈子决策吗？

父母对孩子的角色，不应该是保姆和老师，而应该是顾问和参谋。当他向你寻求经验时，请你耐心地告诉他：我可以告诉你，我是怎么样做的。至于你要怎么做？那取决于你自己如何面对人生的孤独。

父母智慧时刻

没有独立的自我，就没有富足的人生。

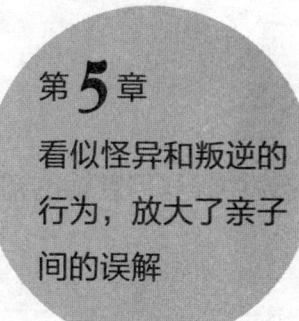

第5章
看似怪异和叛逆的行为，放大了亲子间的误解

对于青春期的孩子来说，怪异是他看待自己的方式，叛逆是他认知世界的过程。因而，作为家长，我们是否对他们可以多一些耐心呢？

在本章，我将为各位家长提供一些参考方法。

传说中怪异且普遍的初二现象

邹大姐告诉我,儿子变化太大了,顶撞师长、忤逆父母。

汪师傅告诉我,女儿变得爱美,现在不化妆都不愿意出门。

邻居陈先生说,儿子沉默寡言,什么都不和我们讲。

领导邱女士说,女儿什么都不跟我说了,整天写日记。

教师牛老师说,一些孩子怪怪的,喜怒无常,阴晴不定。

巧合的是,这些孩子全都在读初中二年级。

到了青春期,每个小孩的身体都开始快速发育,各种激素和荷尔蒙充分分泌。女孩子开始出现月经,男孩子也长出了喉结。除了生理上的变化,他们就像一只气鼓鼓的蛤蟆,一有风吹草动,就变得聒噪起来。

特别是到了初中二年级的孩子,不是跟同学吵架,就是跟父母吵架,任何一点小摩擦都能变成"轩然大波"。老师头痛、父母惶恐,不知道他们那个小脑瓜里想着什么。

关于初二学生的种种表现,我们可以看到一些颇为有趣的总结。

心理学家霍林沃斯将处于初中二年级左右的这个阶段称之为"心理性断乳期"。的确,那些不可揣测、敏感又个性的瞬间,让人很容易想到那些刚刚离开母亲的小孩子。也有人将这段古怪的时期发生的种种现象统称为"初二现象"。

解决方法

诚然,"初二现象"是一个复杂而又深远的话题。

针对它的研究,我们可以在教育学家或心理学博士的论文中看到许多。或许,针对这一现象,我也可以撰写一篇洋洋洒洒、十万字以上的论文。

但为了各位家长的身心健康,我就不一一剖析了。我只想将我的个人经验做一概述,供家长朋友们参考。

如果你有一名正在读初中二年级的孩子,那么你可以试着做以下几点来争取与他形成比较好的默契,从而完美地"逃离""初二现象"。

① 请带着关心,用心去关注和探索孩子的精神世界。在这个过程中,你会遭遇到许许多多的困难,但你必须这么做。因为假若你这么做了,就体现出了你对孩子的尊重,他也会慢慢向你敞开心扉。

② 请保持开放心态。因为年龄和阅历的差异,作为父母的你和小孩天然有智识和观念上的差异。你喜欢的,他不一定喜欢;他喜欢的,你也不一定喜欢。但如果你不喜欢,请你最好学会闭嘴。不要对

你不熟悉的事情发表看法,以免你成为一个刚愎自用的人。

③ 请带孩子多去运动。带孩子走近大自然,感受人与自然的和谐。不要成为那种整天把政治新闻挂在嘴上的人,那很愚蠢。有那个时间,不如让孩子在酣畅淋漓的运动中释放属于青春的激情。

④ 请努力尝试去读懂孩子。对自己的孩子都没有耐心,试问你还能对谁有耐心呢?我们一方面说着感谢孩子,一方面却又对他们的精神世界一无所知。我们是否太过于双标和傲慢了?毕竟孩子丰富了我们的生命体验,拓宽了生命的宽度。陪孩子走过青春期,你就能收获一本精彩绝伦的书。

父母智慧时刻

读懂孩子,是最大的爱。不要被叛逆和古怪阻拦了我们了解孩子的步伐。

小宁:划伤手腕的背后

小宁今年读初三了,在同学眼中,她是一个活泼开朗的孩子,是大家口耳相传的开心果。在老师眼中,她是班里公认的好孩子。但最近,她用小刀割腕了。

谁也不明白她为什么要这样做?

老师同学不知道,连家长也不知道。翻开她的衣袖,在她的右手前臂上划满了一道道的划痕,让人痛心。

而且不久之后,很多同学也开始效仿她的举动,它像瘟疫一般在校园里蔓延。

划伤自己,是一种变相的释放。因为难以言说的痛苦,因为难以抑制的悲伤,所以需要释放自己。

在许多影视文学中,划伤常常被作为一种非常态的释放、宣泄,也可以被理解为倾倒、排解。因而,当各种负面情绪向孩子袭来时,小宁便选择了用小刀来划伤自己。

因为她不想破坏自己在同学、家长、老师中的好形象,就选择了这么极端的方式来释放自己。可能是没有可以倾诉的人，也可能是将倾诉看成了一种屈辱，青春期的小孩往往缺乏正确的释压手段。

在这里，我竭力主张、大声呼吁广大父母要努力去倾听孩子的心声，无论是多么难以启齿的事情，他们都需要正确和科学的手段来排解。

要懂得去理解孩子，不要用强烈的言语去排斥他们的表达。可能他们偷偷地喜欢上了同桌，也可能他们"搞砸"了一次考试。但相较于孩子的生命，这些又算得上什么呢？

不要等到失去后才后悔。当孩子有悲伤、苦闷、烦躁、抑郁等负面情绪时，作为父母，应该鼓励和关心他们，而不是一味地指责。因为指责没有任何作用，情绪是真实的，它并不会因为你的指责而消失，反而可能会加剧。

心理上的疾病与发烧、感冒、腹泻这些身体上的疾病相似，危害却要来得更大。因为很多父母往往不够重视，而且很多地方的医院和学校也缺乏配备的设施。

划伤自己的孩子往往是缺少存在感的孩子。对于许多留守儿童来说，缺乏存在感一直是他们日常生活中的隐痛。

大熊是个13岁的留守儿童，他盼着常年在外打工的父母能够回家团聚。

平时聚少离多的父母归家后，却异常忙碌。他们奔波于田间和地头，或是走亲访友，或是喝酒打麻将。

给大熊的陪伴太少了,大熊不免难过。

某天,他不经意间用小刀划伤了自己,刚开始还有些紧张,但看到父母都来关心他。于是,长此以往,大熊选择了用近乎自残的方式来乞求父母的关心。他们的关系也变得大不如从前。

父母觉得这个小孩太叛逆,大熊却觉得自己不被爱。在这样畸形的关系中,大熊再也找不到曾经的快乐。

也许,对大熊来说,划伤自己变成了对父母的一种攻击。就如自刎的哪吒一般,大熊选择用这种残酷的方式来回馈父母对于自己的忽视和冷落。殊不知,在不断划伤自己的过程里,大熊仍是渴求被理解的。

作为一名心理咨询师,我想对父母说,给孩子最大的爱就是理解和懂得。我们可能做不到,但不能放弃努力。

同时,对一些孩子来说,划伤自己也可能意味着寻求刺激和猎奇感。就如前文所述,青春期孩子的特点有追求刺激兴奋的一面。看到新奇的事物,总想着不断地尝试,乃至当同学有相关行为时会引发跟风和模仿。他们觉得很帅很酷的行为,大多数会随着时间消失。

当然,有一类孩子会有轻生、厌世的念头。这种情况是最值得家长重视的,特别是那些有重度抑郁或人格障碍的孩子。家长要及时地送去就医,以免这些孩子在伤害自己的同时到他人。学校老师和同学也应该对此类现象格外关注,及时地反映和报告。

对于那些无法适应学校生活的孩子,家长就应该让他们及时选择就医，不要因为羞耻，耽误了正常的治疗。

解决方法

作为家长，我们应该多给予此类孩子一些关爱和高质量的陪伴。让孩子感受到爱，被爱滋养的孩子一般是不会选择自残的。

此外，家长要尝试去读懂孩子的心声，学会与孩子共情，你的理解是化解孩子伤痛的最好良药。

要经营好一段亲子关系，不仅需要家长的努力，自然也需要孩子的配合。试着让孩子走出目前狭窄的视野和地域，在更广阔的空间去感受生活的意义。

父母智慧时刻

不管如何，每一个受到伤痛折磨的孩子，都值得我们的重视。

缺少自我反思意识的父母心理不成熟

郭氏夫妻二人齐刷刷地掀开了袖子和裤腿，上面布满了伤痕和瘀青。更令我感到匪夷所思的是，这竟然都是他们13岁儿子的"杰作"。

我再一次看了我眼前这个身高183厘米、膀大腰圆的男子，不禁有一丝愕然。

为什么会这样呢？也许他们都很难给我一个完美的答案。

著名心理学家卡尔·荣格曾做过一个经典的心理咨询案例。来访者是一位性格暴躁的男子。一进门，他就给荣格一个下马威——我暴怒时，可能会打你。

荣格听了却只是淡定地回应说："可以，我也会礼貌地还给你。"

那个人一愣，再也不敢口出恶语了。

只因为，荣格很好地守住了自己的"界限"。而有的父母以爱孩子的名义去无限纵容孩子。

孩子变得异常跋扈，稍有不满，就对身边周围的人拳打脚踢，展示肌肉。殊不知在这个过程中，孩子的认知已经被完全摧毁了。当他遇到一个完全陌生的人，等待着他的只有恶狠狠的拳头。

从心理学的角度分析，这样的父母可能有受虐和自虐的倾向。作为心理咨询师，我非常理解他们爱孩子的心理。但因为过分疼爱，从而丧失了边界线，这还能说是爱孩子吗？

这不过是一种畸形的自我满足感。就如心理学所说的，痛苦是一种感受，很容易让人依赖、"上瘾"，以至于难以自拔。

相对于麻木、无感的生活来说，有一部分人更喜欢痛苦。因为痛苦，让他们有一种存在感。

如果把这种父母对孩子变态的爱称为畸形的爱的话，那么这种爱本身指向的是自己，而不是孩子，即投射性关爱。

因为早年自己缺失的关爱，从而产生了心理创伤，导致看到孩子，就像看到曾经受伤的自己。没有分寸、没有原则的溺爱，其实是在潜意识里弥补自己当年空缺的爱罢了，本质上是自我的一种不成熟。

解决方法

我不赞成这种事情的发生，因为就算父母可以承受无休止的家暴，这也是在伤害一个未成年的孩子。

当然，作为深受家暴的父母，要迈出反抗的第一步着实很难。但必须时刻提醒自己，这是一种不负责任的放纵，这是在耽误孩子的成长。

作为父母,要及时刹车、制止!父母要帮孩子建立起基本的规则意识,懂得尊重父母,懂得尊重与他人之间的边界,懂得释放善意。

父母智慧时刻

作为家长,只有做好自己的功课,才能让孩子拥有幸福的人生。

重新看待孩子的不良行为

丁女士说:"我们家孩子14岁了,现在每天都和我们吵架。对于我们的要求,他一概置若罔闻。甚至对我们说脏话。我不知道应该怎么办?"

后来,丁女士又说:"孩子对她说,死就死了,我跟你一块死。"听到孩子的话,丁女士都快哭了。

在我们身边,有许多孩子往往不懂礼貌,以说脏话自豪。在电梯中遇到你,他也会故意朝着你吐口水。

对于这样的孩子,我们常常说他没有家教。但实则是,他的成长环境和生活经验限制了他。

孩子说的那些狠话,其实他可能也不知道是什么意思。他只是经由那些脏话和你对抗、较劲而已,因为他可能已经感受到你并不尊重他。

我们身边有些讨厌的大人,以戏弄孩子为乐,却总是说孩子不尊重他,那可能是他并不值得孩子的尊重。那些随地吐痰、乱丢垃圾、随时开口就是黄段子的成年人,不配得到任何群体的尊重,尤其是妇女和儿童的。一段关系的演变，很大程度上表现为对抗。

丁女士的孩子，对他父母的高压政策不满，但他的阅历和语言水平又不足以表达自己的不满，所以他只能通过这些极端的行为来展示不满。就算他不说脏话，他也可能通过别的手段来传达自身的不满。

解决方法

如果有家长问：孩子成那个样子了，我该怎么说呢？我说啥都不行，他都会怼回来！

作为心理咨询师，我想说：我们要追根溯源，找到问题的源头，然后再趁着孩子心情好时，讨论一些必要的问题（这一点很重要，你有事找领导，一定不会选他恼怒的时候）。以和善和友好的态度来与孩子沟通，譬如，妈妈说了那句话让你不开心了。如果妈妈哪里说得不恰当，你可以指出来。

假如你用尽了全力，孩子还是对你不客气、不礼貌，那么就要采取一些别的方式方法，切记不要动手打骂孩子！

父母智慧时刻

亲子关系是根本，当关系足够融洽时，什么事情都好说；当关系非常糟糕时，你说什么都没用！

孩子为什么会撒谎

"儿子才13岁,就学会撒谎了。"焦虑的白女士说道。

"他整天借口买文具,实则是把钱用来给游戏充值。除此之外,他还向亲戚们借钱,说我不在家,他没钱吃饭。其实,他用借来的钱来宴请大家。"

"我不明白,小时候的他一向懂事,现在怎么变成了这样子。"白女士说着说着,眼泪就顺着眼窝流了下来。

看着恨铁不成钢的白女士,我也陷入了沉思。

事情的发生总有原因,在想到怎么办之前,我们或许需要搞清楚问题是什么?问题为什么产生?

搞清楚了这两点,问题可能就会迎刃而解。

譬如有的家长问,孩子注意力很差怎么办?

经过了解,我发现孩子并不是得了什么多动症,而是他对语文课实在没什么兴趣。

为什么他对语文课没有兴趣呢?因为他不喜欢语文老师。

或许在解决问题之前，我们一定要试着找找问题的源头。

回到案例中，撒谎是父母观察到的现象。但撒谎是一种表面现象，在这个现象背后往往是亲子关系之间出了问题。

众所周知，一个人行为的背后一定有动机。我们需要了解孩子为什么要撒谎？撒谎的目的是什么？

其实，撒谎也是一件很耗费自己的事情。我们常常为了圆一个慌，而撒了一个又一个的慌。

从成本来讲，说谎其实是件性价比很低的事情。接下来，我们要想既然撒谎是件费力不讨好的事情，那么他为什么一定要撒谎？

因为撒谎能带来额外的收益。而在孩子看来，谎言被戳穿之后带来的风险也赶不上它的收益。因而，他会选择不断的撒谎。

通过以上的分析，我们了解了以下几件事情。

首先，孩子需要钱，而父母给他的零用钱过少。

其次，每次被戳破谎言以后，父母还是给了他正常的零用钱。

最后，我们都得到了我们不想看到的结果。

解决方法

现在，我们知道了问题是如何产生的，那么该怎么办？

简单点说，作为父母，对于他撒谎的行为，一定要有惩罚机制，譬如从他正常的零用钱中扣除一部分。但这样不能解决根本的问题，我们还需要增加他每月的零花钱额度。

对于他正常使用的行为做一奖励。只有让他认识到哪些行为是对的，哪些又是错误的，才有改正的可能。

但要记住，不要直接对孩子进行严厉的斥责和教育。这样不仅挫伤了他的自信心，而且让他觉得自己被放弃了。他只会一再地重复自己的错误，反而无法及时地纠正自己。

毕竟对我们家长来说，孩子能够知错就改，也是我们的好孩子。

父母智慧时刻

多跟孩子沟通，不要采取极端的措施，那反而会适得其反。

大宝与二宝的恩怨

"我和爱人有两个孩子,如今老大(女儿)处在青春期,老二(儿子)刚刚读幼儿园。两个人整天为了鸡毛蒜皮的事情争论,甚至大打出手。有一次老大对我说,不如把老二送人吧。"

说到动情处,徐女士不禁流下两行长泪,她接着说:"给老二的东西,我都给老大准备一份,她就那么不领情呢?她还想要什么?唉!这可怎么办呢?"

徐女士的故事在日常生活中并不是个例,可以说是比较普遍存在的家庭战争。

老大与老二争宠、夺爱的案例很多。

在许多家庭,二胎出生时,老大会有明显的一些变化,心理学一般称之为心理退行。

老大会退行到婴幼儿的状态,拥有和二宝差不多的情形,尽管他俩之间已经相差好几岁了。

心理退行具体表现有:撒娇、说话嗲声嗲气,求抱抱,甚至有使用尿不湿的极端案例。说到底，这些对家长来说都是宝贵的提醒信号。

我相信这位母亲对于孩子的辛勤付出。那么，到底是哪里出了问题呢？难道是孩子真的不懂感恩、没有良心？

不，事情并不像表面看到的那么简单。闹腾、抗争的行为背后到底是什么心理在作祟呢？她有什么需求没有被满足？饮食穿衣吗？

显然不是。老大与老二争宠，不是因为自己没有得到物质的满足。

而是在追求独一无二的宠爱。

她要的是关怀、这种务虚的却又必须存在的东西。

她需要父母来告诉她，她是被爱的，而不是悲哀的。如果父母此时心不在焉地应付着她，那么作为孩子，她一定会去抗争、闹腾。

我记得有一位孩子曾经哭着对母亲说，其实我知道爸妈挺爱我的，但他们总是不关心我，他们眼中只有那该死的弟弟。

试想一下，假如你是这个孩子，你也会对弟弟有了恨意吧。对于这个青春期的姑娘来说，她需要父母高质量的陪伴。

所谓高质量的陪伴，有以下几个特点：①参与进来，和孩子共同活动或者游戏。必要的时候，你也可以成为孩子和他一起玩耍；②走进孩子的生活，走进孩子的世界；③有情感的流动，有爱的滋养；④和孩子一起学习，一起体验，一起经历，一起成长。

高质量的陪伴，就是高质量的爱。大宝若是得到了，也就消停了。

解决方法

创造机会,让两个孩子一起玩耍,一起参加活动,建立同胞感情;为避免矛盾冲突,这个过程父母要参与进来,尤其是初期时。创造机会,让老大照顾老二,激活她的责任感和价值感,激活她爱人的能力。在二宝遇到困难时,鼓励老大挺身而出。

回到案例本身,因为父母做出了针对性的调整,亲子关系已经融洽和谐多了。老大与老二也化干戈为玉帛了。

父母智慧时刻

大宝、二宝之争,重点不是物质,物质不是根本。

那些被"抑郁"的孩子

萌萌在QQ空间又晒文了——郁闷了那么久,整个人都发霉了,这样下去,我快得抑郁症了。

嘉琪最近郁郁寡欢,状态不好。妈妈带她去了小诊所,大夫开口就说是"抑郁症",把嘉琪妈妈吓坏了。

罗睿睿最近经常痛哭流涕,待在自己房间不出门。睿睿妈妈却说这孩子太矫情,饿几顿就好了。睿睿听了之后,自杀的心都有了。

萌萌的发言,或许是最近各大校园内的流行风潮,广大的青春少女纷纷以抑郁症患者自居,自然,广大的中二少年也不遑多让。他们纷纷发一些"网抑云体"的发言,好让醉心赚钱的父母能够对他们多一些关爱。

嘉琪的状况在我国广大的三线以下城市十分多发,靠着网络传播,很多父母都知道了抑郁症的危害,但却苦于没有什么有资质的心理医生。

于是,他们纷纷带有类似疾病的小孩去附近的药房看医生,而那些唯利是图的医生也将这些可爱的孩子当成赚钱的筹码。

靠着不专业的测评报告,他们就可以将孩子的问题夸张一千倍。很多家长其实都误会了。

抑郁症是比较严重的心理疾病,它的诊断是相当复杂、烦琐和谨慎的。而抑郁倾向(情绪或状态)几乎每个人都曾有过。

错误的标签让许多年纪轻轻的孩子被"抑郁症"了。部分家长也不注重辨析和思考,就这样将孩子的健康置之不理。

如果说这些孩子的父母表现得过于紧张,那就还有一部分家长,譬如罗睿睿这样出身于"十八线"以下小城市,他的父母将孩子的心理问题看得不值一提。

殊不知在那些漠视背后,一些惨痛的经历正在不断地循环上演。

解决方法

作为一名心理自咨询师,我想普及一下,出现心理困扰是很正常的现象,家长可以寻找有执业证书的心理咨询师接受一对一的咨询疏导。

这种心理咨询疏导服务每次持续50~60分钟,并且这些执业的心理咨询师并没有开具处方的资格。

假若心理咨询师无法解决,那么就要邀请专业的心理治疗师或精神科医生介入治疗。这三者呈不断进阶的过程。

严格来说,一般孩子有心理问题,父母可以先联系学校的心理自助机构来解决。解决不了的，可联系专业的心理咨询师介入治疗。

父母智慧时刻

理解和懂得是最深的爱。如果无法做到理解孩子，至少可以去尊重孩子，尊重孩子真实的生命状态。

千万别用成人的逻辑理解孩子的行为

"高老师,我家孩子是不是有心理问题?他晚上不睡觉,早晨不起来……最近老和我们作对,不爱说话,经常一个人待着。这是什么心理问题呢?他不愿意上学,一提上学就嫌烦,这又是什么心理问题?"

在生活中,这样焦虑的家长很多,他们把焦点放在孩子身上,一有风吹草动就紧张不已,但却没有看到孩子内心深处的问题。

首先,客观地说,这些问题都算不上心理问题,有些属于生活习惯问题,有些则属于烦恼等正常情绪。我们无须动辄将其提升到"心理问题"的高度。

记得,我妻子说他们班里有个小朋友因调皮捣蛋被家长指责说他有多动症。自此,这个小朋友就变得没有之前那么开朗了。

在孩子看来,你是在给他扣帽子、贴标签,因此,很多孩子只会回应说:"说我有毛病,哼!你才有心理毛病呢!"

如果说这些孩子对这些标签有所抗拒,那么说明这个孩子还比较有反抗精神。假如他连反抗都没有,只能说明这个孩子逆来顺受。不用细想，你就可以猜想这种孩子的原生家庭比较糟糕。

当孩子能感受到这是一种不友好的攻击时，这样说的父母就站在了孩子的对立面。如果站位出现了问题，必然会导致紧张状态。同时，这也算是父母对孩子失去控制所带来的焦虑副产品投射到了孩子身上。但每一个正常孩子都不愿也不想接受这种无端的指控。

其实，很多父母根本没有意识到问题的核心。为什么会出现这种情况，孩子的养育模式、家庭氛围、成长环境都出现了哪些问题，才导致了这些情况的发生？是因为父母言行不一、自律性差，还是因为孩子天生乖戾？我想这些原因或多或少可能都有，但却不是最重要的。孩子的问题很多时候是一个信号，他带给我们很多提示或警醒。

人们都说父母是孩子的第一任老师，但反过来讲，孩子也是父母重要的"老师"。当你成了父母，你就学会了负责，学会了担当，学会了应对解决各种棘手的难题。

每一次孩子问题的呈现，都是一次大考，能不能考过，不是谁说了算，而要看孩子这位导师的状态。

很多的父母告诉我，事业上多么复杂难搞的事情，他都能搞定，但当他们面对孩子，这一场终极测试才刚刚开始。

父母智慧时刻

看问题只看一个角度，就容易走进死胡同；看问题只要多一些角度，就容易前往康庄大道。

那些被"网瘾"折磨的孩子

所谓的"网瘾",是一个颇具时代特色的名词。

翻阅文献以后,我才发现,目前学术界没有这个词。

这个词更多是被民间用来形容人们在网上花费过长时间。瘾,是一种病症。但教育界和医疗系统没有"网瘾"这个词,因此,对待这种现象,我更愿意将其称之为手机依赖或网络依赖。

总之,通过这件事,我想告诉各位家长,不建议随便给孩子标签。

要消除所谓的"网瘾",我们就要深究它的成因。追根溯源,才能更好地对症下药、解决问题。

一、无处安放的青春动力

青春期孩子常见的特点有活力、激情、个性,除此之外,还洋溢着朝气蓬勃的青春动力。

在现有的教育制度下,孩子在紧张枯燥的学习之余,这股躁动满盈的青春动力又将何处安放,如何承接?

在一片颇有诱惑色彩的放松方式中,许多孩子将诱惑力满满的网游视为发泄青春过剩精力的良方。公允地说，网络游戏在一定程度上释放了孩子们的压力，在那些打打杀杀的二次元世界中找到了一个宣泄的通道。

一位16岁的高二学生坦言，我会在紧张的学习之余玩玩游戏，不然，我会崩溃的。而在他父母眼中，他就是个地道的"网瘾少年"。他哭笑不得，却也无力辩驳。

人都有趋利避害的本性，在现实的不适与在网络世界的安逸中去选择，自我功能尚不健全的孩子自然会选择网络游戏。这很好理解，也符合人性的自然规律。

有个有趣的调查显示，当一些调皮捣蛋的孩子专注于玩游戏时，他们干坏事的概率就大大降低了。当你专注于某一种事物时，必然会降低对别的事物的投入。

二、一个理想的陪伴者

如今的父母总是很忙，无暇顾及孩子，更不用说高质量的陪伴了。当手机网游作为一个理想化的客体出现了，它便战胜了此前很难实现的心理需求。

首先，网络游戏能很好地陪伴孩子，照顾孩子的感受，并且可以几乎无条件地接纳孩子。

网络游戏弥补了孩子的心理需求，让孩子收获了安全感，同时也能一定程度上扮演心理创伤的疗愈者。

在现实世界里，倍感压力的孩子在虚拟世界里如此游刃有余。它说明了两个问题，一个是随着经济高度发展所带来的社会内卷化，普通孩子需要更好的学习成绩和综合素质才能在高考的竞争中脱颖而出。而另一个是网络世界有着形形色色的诱惑，这些诱惑使得压力满满的孩子得到了天性解放，从而导致一大批孩子都有了网络依赖。

其实，对于大多数成年人来说，网络依赖也成了一个严峻的现实，更遑论孩子。

三、父母焦虑的转介物

如今亲子关系的主要矛盾是父母无力的控制感与孩子不甘于被控制之间的冲突。

当父母对孩子的管教无效时，许多家长就会变得心灰意冷，手机网游无疑是最佳的替罪羔羊之选。

网游其实是父母焦虑和挫败感的转介物，转接了父母和孩子之间的亲子矛盾。

对孩子有网络依赖的攻击，彰显了父母内心的焦虑。他们把这份由各种负面情绪，如恐惧、愤怒、担忧、自责、愧疚、忧伤、悲痛、嫉妒等不良情绪投射到孩子身上，然后，再将罪名归咎于"网瘾"身上。这实在是一个妥当的完美之策，成本低、代价小，且屡试不爽，还能引起家长们的普遍共鸣，为自己助威。

游戏不应该成为亲子冲突的替罪羊。为什么在全民"机不可失"的时代，有的孩子能很好地处理自己和手机的关系，而有的孩子却做不到呢？为什么导致这个样子？这是作为父母需要考虑的重点。

我们关注的重点永远是人，而不是表面的事物。

"网瘾"之殇，其实是当前的孩子之殇，它殇在沟通的断裂，情感的匮乏，关系的疏离以及爱的不流动。"网瘾"是表象，它不是根本。没有手机，也会有别的"机"出现。

网络依赖反映了深层的亲子关系的问题，在一定程度上起到了"救赎"和"警示"的作用。它提示我们是不是需要以一种合适的方式来激发孩子们的内心动力。那解决方向是什么？很多家长的目标——能不能告诉我一个好的方法，让孩子从此不玩手机？

这当然没有速效方法。极端化、偏激式的方式是不成熟、不可取的。在当前的社会完全杜绝孩子使用手机，这真的可行吗？

关于强行没收手机和断网之类的招数，你已经使用过千百遍，都不管用且愈演愈烈。

我们对手机或游戏的认知需要不断地调整。在很多父母眼里，网络游戏是洪水猛兽，是死敌。如果游戏是一个人，我相信很多父母会拿刀斧劈死他。

可惜，这样的看法又错了！如果父母抱着这种观点，所谓的"网瘾"的事就解决不了了。

游戏是孩子的朋友，父母也应该是孩子的朋友。我们可以坐下来谈一谈这三个朋友如何更好地相处。请记住，**你越与孩子敌对，他与游戏的关系就越密切**。我再强调一遍：亲子关系是根本！

父母的目标可以设置为如何帮助孩子建立手机合理使用计划且被有效贯彻落实。

如何做到经营一个良好的亲子关系，从而有效地降低手机依赖呢？你可以按照下面几点来贯彻实施。

1 经营出良好的亲子关系，给予孩子高质量的陪伴。

② 提升亲子沟通能力，和孩子融洽和谐的交流。

③ 父母起到很好的模范带头作用，父母不自律，很难让孩子自律。

④ 在此基础上，和孩子探讨建立个人计划。

⑤ 培养孩子建立其他的积极正向的兴趣爱好。

解决方法

当孩子玩手机游戏时，先不要粗暴地打断他，而是要找个轻松愉悦的时候再谈。为什么要选他高度专注、沉浸其中的时候呢？这是不智慧的行为。作为父母，我们需要智慧，而不是莽撞。

第6章

跳出自我中心，才能更好地处理与孩子的冲突

一个人，他与别人的关系，本质上来源于自己与自己的关系。而自己与自己的关系很大程度上是对自己与父母童年关系的延续和发展。

作为父母，我们应该如何有智慧地解决那些与孩子的冲突，将是本章我们讨论的重要内容。

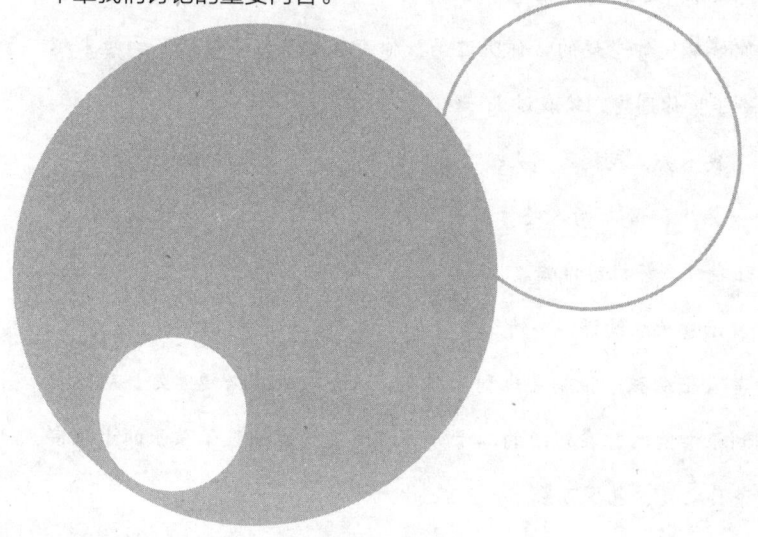

情绪需要表达，关系需要维护

"她眼里还有我吗？这孩子对我没一点感情了？"姜女士说到女儿，气就不打一处来。

来到咨询室时，母女俩像是刚吵完架，火药味十足。

女儿欣怡一脸不屑的扫视着周遭，就是不看妈妈一眼。姜女士则被气得面红耳赤，还喋喋不休地追问："你说说，你说说啊！我这不都是为你好嘛！你老妈的话你听过吗？你变得越来越不像话了，越来越不懂事了！你别走，给我过来……"

"我不去，我就是不去，要参加你参加。"女儿欣怡毫不示弱。

一会儿，母女两人终于停止了争吵，但姜女士却想让我当成裁判，让我评一评谁对谁错。

我示意她继续说……情绪疏导是一种非常重要的策略。

姜女士从孩子报辅导班到交朋友，从穿衣服到兴趣爱好，从饮食作息到旅游购物，在短短的二十分钟时间里，她细数了孩子的十几宗罪，条目之多，包罗万象。

在接近尾声时，姜女士眼含热泪，说了一句："我容易吗？这妈还是不要当了，你要是觉得我做得不好，那你来当我妈吧！"

她该有多么痛苦啊！可欣怡仍旧是不屑一顾地看着地板，装作没听见，双手打着拍子，竟吹起了口哨。

这个举动一下子把姜女士激恼了，她求救似的看着我，眼里充满了委屈、疑惑、不解、怨恨和愤怒……

关系是相互的，关系的状态是互动的结果。

这是一个蛋和鸡的逻辑：先有鸡还是先有蛋，并不重要。重要的是有了鸡就会有蛋，有了蛋就会有鸡。当我们看到蛋的时候，我们需要思考鸡在哪里？比如这个蛋是这样的——妈妈说：无论我说什么，孩子都反驳我，怼我！

我们去找鸡——是什么导致了孩子这样对待您呢？父母什么样的言行表现致使孩子这样做反应呢？孩子为什么不这样对待外人？更何况孩子在别人面前都表现得很懂事呢。

看来他只是针对父母。

我们不妨来听听孩子的声音：唉！你看我妈说话的态度，什么口气啊！真是的。动不动就教训我、嫌弃我，你以为我听不出来？你以为我傻吗？你就不能好好说话吗？烦死了。

尽管孩子的言语有夸张的成分，但却非常值得各位父母进行参考。孩子那样对待父母，很大程度上是复制了父母对待他们的态度。

态度是根本，态度比具体的说话内容重要很多。你说的内容并不重要，重要的是你以什么样的口气来跟孩子说的，如果不从根本上解决问题，孩子总会找到揶揄你的地方。

很多父母就不解地问:"老师,我都是为他好呀,你说我说的不对吗?"

在这里,我可以认真负责的回答各位家长:"你讲得很对!但孩子会烦你,不是吗?"

舒服不舒服,是一种感受。感受不是观点,它没有对错。

感受和事实是两个维度的东西。你如果揪住对错不放,你们的亲子关系可能就会"鸡飞狗跳"。因为在家庭里是讲感情和感受的地方。很多家长都明白,但一到具体的事上就犯晕。

毫无疑问,人比事情重要,孩子比对错重要!父母揪住事情的对错不放,本身就会给孩子一种感觉:哦,原来是你纠结的那些事情重要,我不重要。

我们都知道对事不对人,是比较恰当的处理方法。但很多父母谈着谈着就变成了"对人不对事",开始对孩子抱怨、数落和攻击,这是很伤感情的,比如你怎么就那么不争气呢!你能不能长点脑子啊……

父母的指责、牢骚、抱怨、说教、责骂、嫌弃、命令、否定、审问,很容易造成孩子的逆反心理。

孩子都是比较感性的个体。未成年人有两个阶段具有高敏感度(青春期的其中一个阶段),尤其是在与父母的关系上。

做母亲的大都有这样的经历体验,婴幼儿可以极其敏锐地捕捉母亲的各种情绪反应、心态波动。任何的蛛丝马迹、风吹草动都会被孩子精准捕捉。

青春期孩子也一样,他们对父母的口气态度、情绪心态等保持着极高的敏锐度,稍稍有一些迹象,他们就会做出剧烈的反应。

问题找到了,就需要解决方案。什么才是对待青春期孩子的合适且恰当的态度呢?

解决方法

友善的态度,"友善"一词不仅是核心价值观的体现,更是为人父母的基本素养。

对父母来说,就是要采用"爱的八大法宝"——尊重、理解、接纳、包容、真诚、信任、欣赏、平等。具体来讲,当孩子做了一件事情,我们可以如此解答对方。譬如儿子,那件事做得怎么样了?有什么困难吗?需要爸妈帮助的时候尽管说啊!支持型的父母,能给孩子赋能。闺女,妈妈看你脸色不太好,是不是受委屈了,哪里不开心,可以跟妈妈讲讲吗?走心的沟通,胜于说教和审问。孩子,妈妈看你把袜子放在橱柜上了,熏得我差点晕过去,你没妈了谁还帮你收拾东西啊!幽默也是一种风格,远胜于那些训斥。

父母智慧时刻

从"九大炸弹"到"八大法宝",父母的调整,直接决定了孩子的心态。

责备式关心，是以爱的名义去伤害孩子

大伟去找同学玩，但没有按照妈妈的意见——坐公交车或者打车，而是选择了骑摩托上路。

大伟说，他一直喜欢那种风驰电掣般、与天地自然同呼吸的感觉。

但不幸的是，在山路上，他出车祸了。一块飞来的石头嗑在了前轮上，将车颠翻了。

因为车速较快，大伟被甩出去十几米，恰好被路边的树枝给拦住了，这才没有滑下山崖。

车被拖到了修理厂，他沮丧地回到家。

迎接着他的，是妈妈的一声怒吼，然后是连珠炮般的抱怨，大伟根本插不进去话。

眼看着他的情绪从沮丧到委屈，最后到绝望，大伟一气之下摔门而走。母亲还在那里训斥着……

这是一则有些极端的经典案例，很形象地道出了很多亲子关系里

的矛盾。当然，事情的发生背后一定有很深的原委，不知是积攒了多久的恩怨纠葛，但我发现了这对母子存在的问题。

母亲一直在攻击儿子，而且在孩子受到挫败的情况下。她使用的常见的话术"有知道错了吧！""谁让你不听我的"……

请试着想象一下故事中大伟的心情。在遭遇了这么严重的打击之后，他又被母亲语言攻击。这使得他遭受了情绪上的"二次创伤"。

不得不说，这种情况在现实生活中还相当普遍。在孩子受伤低落的时候，父母选择再次"踹上一脚"。

我一直不明白这么做的意义何在？

孩子在这个难过的当下，作为父母首先要照顾他的情绪。如果父母难以遏制自己的情绪，那么很可能说明他们在朝孩子泄愤。当然，实事求是地讲，这一定不是父母的初心。当遇到孩子做错事、受挫败之后，家长应该怎么办呢？

解决方法

在孩子受到挫败后，就算完全是他一手造成的，他也更需要父母的呵护和打气。因为，此时他经历了创伤，孩子需要尽快地抚平情绪。当他度过这个艰难时刻后，你可以选择过去抱抱孩子，说别怕，有老爸呢……

你没有看错，越是在这个时候，越要加倍地保护他，给他安全感，对于孩子来说，来自父母的支持是最重要的。

相对于孩子的身心健康,那些对错暂时真的不重要,难道不是吗?

等到事情过去了,你可以选择与他促膝长谈,一同回忆这个糟心的时刻,并提出自己的建议,让他虚心地接受,不失为巧妙的方法。为什么非要在孩子最受伤的时候,再撒一把盐呢?

在孩子挫败的时候,作为父母,你需要做的——是先把孩子照顾好。

父母智慧时刻

在孩子受伤时,他需要的不是指责,而是保护。

岚月：我没法与妈妈沟通

高一的岚月和妈妈总是关系不好，经常吵架闹矛盾。用她自己的话说，我和爸妈根本就没法沟通。

那么具体是什么情况呢？

岚月静下心来说："我每次看见我妈就烦。她估计看到我也差不多。我们一见面就吵架，这成了一种常态。"

不管谁先发火，事后就先道歉。这是亲子间沟通时应该养成的默契。简单点说，指望对方率先改变，结果往往会很惨！

不要奢求自己态度不好，对方还能心平气和地与你交流。

我们需要记住的是，作为一个普通人，我们能够选择的永远是自我的不断成长，而不是去改变对方。

无论是作为父母，还是作为孩子，结果都一样。

改变自己能带来许多收益，当然，这些收益也属于自己。

如果你做了很多努力，对方却还是那个样子，在排除对方有人格障碍之外，基本说明了对话的无效。

作为中国人,我们不算是善于直接表达自己情感的民族,但我们要试着坦诚地表达自己的情绪,首先是为了自己。

解决方法

首先,作为子女,要对父母要有最基本的尊重。相应地,作为父母,我们也要尊重子女。千万别指望你不尊重他,他还能尊重你。

大部分的人都不是圣人,做不到无条件的爱。

其次,要合理表达自己的诉求。作为未成年人,不要动不动就以断绝亲子关系来作为表达自己诉求的借口。

作为孩子,我们要有技巧地表达自己的要求。作为父母,我们也要有能力去满足或者体谅他们提出的诉求。

再次,要理性地表达需求。在一个家庭中,当大家都彼此坦诚、文明地对待别人,才能得到别人的尊重。

一般情况下,如果作为父母的你理性地表达了自己的需求。孩子就一定选择用相对文明的方式来处理你的意见,而非简单、粗暴地解决问题。

最后,要尊重对方的意见。在合理表达了自己的需求以后,希望各位能真诚地倾听一下对方的意见,而不是独断专行。

沟通是一门学问,尤其是亲子沟通。因为它除了理性和逻辑之外,还伴随有情绪的波动,情感的流动以及关系的链接。

父母智慧时刻

亲子沟通中,理是基准线,情是催化剂。

过度干预,所以总替孩子收拾烂摊子

一位母亲无奈地说,儿子大智已经是上高中的小伙子了,却总觉得自己还小,什么事总爱依赖母亲。有时,他提出的要求不能得到满足时,就各种撒泼,非得逼迫母亲妥协。

时间久了,母亲就发现好像有点故意欺负她的感觉。比如上个周末,孩子非要和同学聚会,母亲工作特别忙,这个孩子还非得母亲开车送他。

此类的事情多了,母亲觉得自己很累,总觉得这孩子欺负她。

相信这种案例或多或少都在我们的身边存在着,让人感慨万千。

首先,我真心为这位母亲点赞!她能感受到孩子在"欺负"自己,并且勇敢提出来。这实属不易。

因为很多被孩子"欺负"的父母,根本无法察觉,或者说不愿意说出来。他们往往一边自己纠结,一边默默忍受。随着时间流逝,他们不仅消耗了自己,也贻害了孩子。

当然,这种情况的形成绝对不是一两天形成的,而是经过长年累月的影响造成了亲子关系的固化。

子女对父母的控制的案例，还是父母对子女的控制案例，都很频发，这也很大程度上反映了问题的严重性。

长此以往，孩子会养成依赖他人的习惯。他的自我功能会受损，而且会变得容易推卸责任。

对于这种控制，我更愿意用"绑架"来形容。比较常见的此类案例是"情感绑架"。

解决方法

在日常生活中，我总结并归纳出了**虚拟绑架**的几种类型——道德绑架、情绪绑架、情感绑架、需求绑架。

道德绑架，我们都比较熟悉，即你不那样做，就是不道德。当事人往往站在道德制高点，要求你实现某些行为。于是，你被道德绑架了。在亲子关系里，比如你不听我的话，就是不孝顺；你不按我的要求回报我，就是不懂感恩，甚至是没良心。这些都是比较常见的类型。

情感绑架即爱的绑架。常见的类型有：你不那样做，就是不爱我，咱们俩就没有感情。

情绪绑架则分为自我情绪绑架和他人的情绪绑架。前者是说无法有效管理自己的情绪，经常不经意地被激怒，最后搞得两败俱伤，也伤害了关系，后者是说容易被对方故意激怒，这个在战争计谋中经常使用，例如诸葛亮经常设计激怒对方,但在亲子关系中存在较少。因为父母没有好的情绪管理能力,导致亲子关系处在亚健康的案例大量存在。

需求绑架是指你有求于我,我谈条件要挟你、控制你。比如有赖于父母的经济支持,父母便向孩子提出了很多索求,你要考出个什么成绩,今后一定要回报我们,你要按照我的要求去做,否则我不给你。这种绑架很容易造成心理创伤,让子女怀恨在心。

回到本个案例,这类情感绑架的发生是双方共同作用的结果。即一个愿打,一个愿挨。

当孩子发出信号——妈妈,你不去送我,就是不爱我了。这是孩子出招了。

妈妈纠结半天——哎呀,我哪里不爱你啊?妈妈一直都死心塌地地爱着你,我还是送你吧。母亲接招就形成了情感绑架。

当孩子无理取闹时,父母要咬咬牙,在内心告诫,暗示自己——为了孩子的健康成长,一定要立场坚定,斗志昂扬!

除此之外,没有什么好办法,不能指望别人,还是得靠你自己。

在这里,我送给读者一个关键的"规律性方法",对待孩子的最佳态度是什么?

要有温柔而坚定的爱。温柔的是爱,是温度,是柔情,是精神的、心理的滋养和给予。坚定的是原则、是立场、是底线,是守住自己的界限不被侵犯。温柔而坚定,两者的结合,不失为最好的养育孩子的方式。

很显然,那些喜欢控制、绑架、"欺负"父母的孩子,是没有边界意识的,甚至没有底线,容易被娇惯和宠溺。

一般来说，在孩子很小时就要立规矩了。如果青春期还没有较好的边界感，这个孩子就很容易犯错误。

如果你真的爱孩子，就要给他健康的爱，请相信我，你可以做到！

父母智慧时刻

现在孩子"欺负"你，你不反击；以后孩子"欺负"别人的时候，别人可没有你那么心慈手软。

小Z：为什么我是低自尊

学生小Z，是个很敏感的人，别人一些的话语总会让他反应激烈，比如"你真是的"还有别人不经意的眼神就能让他浮想联翩。

对同学一句开玩笑的评价，也会使他浮想联翩，甚至自我怀疑。

所以，很多同学都说他："小Z这人自尊心强，我们以后少跟他说话。"

想必很多朋友会遇到类似的生活案例，这其实反映了很多内在的问题。

对于这类人，真的是自尊心强吗？或许正好相反，是自尊心太弱！

自尊意为自我尊重。它属于自我认知的范畴，包括自我的形象定位、自我内在的评价。有的学派会解释为自信产生自爱，自爱产生自尊。那么，自信、自尊又是来自于哪里呢？

如果在早年间，父母给了孩子良好的客体关系，譬如恰到好处的鼓励、赞美、肯定、认可、尊重等，并结合具体言行的践行，一遍遍内化在孩子心中，孩子就得到了基本的自尊体验。

这个逻辑应该是——他人（即父母）的尊重，潜移默化、循序渐进地内化以至于固化到了孩子潜意识里，形成了孩子的自我尊重。

当一个人在早年受到足够多尊重的前提下，他的自尊心会变得比较强。这种人通常内心强大，抗挫力强，不太在乎别人说什么和怎么看自己，也不是特别敏感、易受伤。

因为他们有足够大的心理定力，自己有对自己较为稳定的自我评价，不会因为别人说自己一些话，就产生懊恼、沮丧，甚至自我怀疑的情绪。

一言以蔽之，早年父母给到恰当支持的孩子，获得了足够大的自尊。

那么那些特别在意别人评价、看法的人呢？他们不是自尊心强，其实往往恰恰相反，是**他们自尊心弱**。

自己是一个什么样的人？要靠外界的评价。在遇到与外界不一致的评价时，自己会感到受伤。

他们的内心逻辑很可能是——你们要尊重我，你们若是不尊重我，我就没有价值，我就很受伤。就像开头所说的案例一般，这是明显的自尊心弱的体现。

这类人多是属于易受伤、高敏感特质群体，一般都有明显的早年心理创伤。

可能是早年没有得到足够好的尊重，成年后非要借助于别人的尊重来重建自尊。想要假借外求，来填补早年的空缺。

但早年缺失的，无论是尊重、安全感，抑或是爱，后来能给予弥补的，都不是别人，而是自己。

除非遇到能够疗愈他的那个人（比如爱人，这种概率非常小）。通常这类人需要接受专业而系统的心理咨询或治疗。

我们常讲的自尊心强，很有可能是错误的，往往不是他尊心强，而是自尊心弱而已。因为真正自尊心强的人，不会在意别人的评头论足、窃窃私语。

解决方法

作为父母，要提供孩子一些解决低自尊的方法，让孩子快速摆脱这种不良的状态。

① 拿一个笔记本，当遇到别人说的话（或者眼神）让自己不舒服的时候，记下来。

② 找一个安静的地方，认真地看着它，用心地慢慢读。每读一次，问一下自己——真的是这样的吗？真的有这么阴暗吗？真的如自己所想？真的这么糟糕？别自己吓唬自己了。

③ 在睡前时，找一面镜子，静静地看着里面的自己，询问自己：我真的有那么差吗？针对他那句话（或者眼神），有没有想别的情况？或许，只是开玩笑的呢，或许我还不太习惯这种调侃的方式，我看到了一点点的微笑，也看到了一缕缕阳光……

如果在疗愈的道路上发生了挫折，家长可以求助心理咨询师对孩子进行专业干预。

父母智慧时刻

尊重从来不是跟别人要来的,而要自己做得足够优秀。有人格魅力的人,很自然就赢得了别人的尊重。这个逻辑顺序不能搞颠倒。

为什么孩子总是"玻璃心"

相信很多朋友对这句话比较熟悉——我可以说我自己,但是你们不能说我。

小A在和朋友聚餐时,被别人随口吐槽他毕业的学校不是985、211,他显得很生气,当时就离场了。尽管他也对自己毕业的学校不满。

小B遇人总爱与人抱怨自己的原生家庭,说自己父母的种种不好,给自己带来很大的心理创伤,但当别人指责数落他父母时,他却不乐意了。

小C和小D是十几年的老夫妻了,但两人仍然有很多矛盾冲突,为了一些鸡毛蒜皮的事也能吵闹起来。

妻子小C反思自己,开始诉说自己有很多地方做得不是很好,需要改进。

丈夫小D在一旁接口说:就是的!你不仅这样,你还不体贴……本来带有"自我批评精神"的小C立马翻脸,两人又吵了起来。

我可以说我自己，但你不能说我，这种现象是很普遍的。在这背后，有个什么心理机制呢？

在很多情况下，这是一种自我掩饰式的防御，合理化的防御。这样做的内心语言是——我都这样了，我已经检讨了，你们识相点，就别说我了。

在现实层面分析，为了达到某种目的，这种套路比较好用，提前打个预防针，到时候真的出现了情况，他的内心逻辑是——我原来早就说了，让别人无话可说。

我可以说自己，很多时候却只是表面说说。他并没有真正接纳自己，不是真的那样认为。否则，别人用同样的话批评他时，他也不会发怒，甚至暴跳如雷。

在现实生活中，被人说各种不是，是一件比较常有的事情。毕竟我们都管不住别人的嘴。

很多时候，作为家长，我们要告诉自己的孩子——调整自己的心态，不断学习，或者通过心理咨询疗愈自己的创伤，提升自己的抗击打能力，这是正道。因为"我可以说自己，但是你不能"，这种心理状态是不够成熟、不够内心强大的体现。

毕竟，一个真正内心强大的人是这样的——我可以说自己，谁都可以说我，并且是——爱咋说咋说。

关于幸福关系的智慧模型

在这张图里,我阐述了一个人要幸福的必需条件。通过这些条件,我们可以看到一个人为了幸福的关系从而所需要的努力。

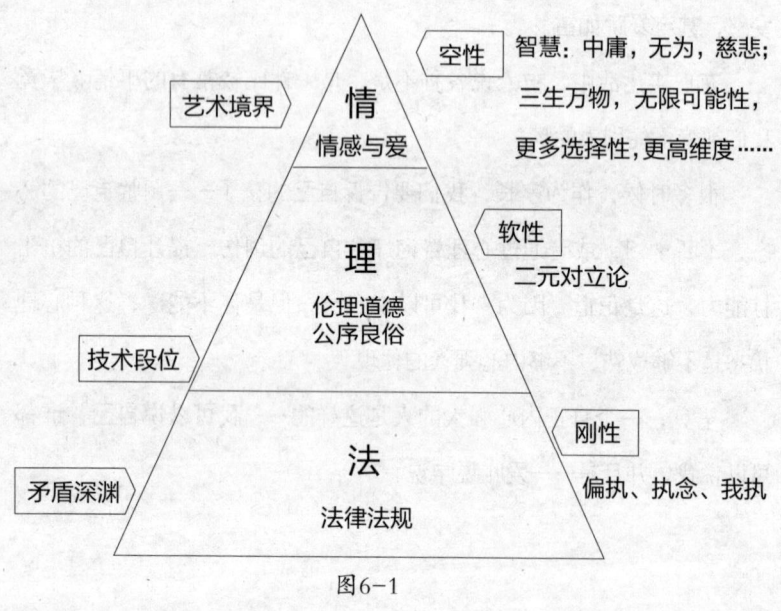

图6-1

最底层,是法律法规;中间层,是伦理道德、公序良俗;最高层，是情感与爱。被简称为法、理、情。

法律法规往往是刚性的。做一个守法的公民是基本的义务，这是做人的底线，没有商量的余地。

伦理道德、公序良俗，也是我们每个人需要去遵守的。若是违反了，将会受到舆论的谴责和批评，这是软性的。

而情感与爱，这很务虚，但也是实实在在存在着的，这一版块是心理学研究的重要方向。它是人与人之间关系的产物。

它们之间是递进的关系。只有满足了下层的需求，才会有上层的条件。

法律法规是典型的黑白对立的，与法律相悖的事情就是不能做。我们需要做的就是避开冲突，不去触犯。伦理道德、公序良俗也是二元对立式的，尤其是儒家的思想，给出了很多社会关系的伦理规范，如君子小人之分，如真善美、假丑恶，是非对错、好坏黑白等。

法律和伦理是有对错的，但情感与爱的层面，只要不涉及违反前两者，就没有对错。只要遵守了前两者，就是自由的，情感与爱的层面是自由的。

在家庭关系里，更多的是在"情感与爱"的层面活动，是关系的链接，爱的滋养，情感的流动，这是高维度的，有着更多的选择性、可能性，和灵活度、自由度、开放度。

出现问题的关键点在于很多时候，容易往下走。即争执于是非对错，执拗于好坏黑白。于是，矛盾就形成了。

例如：孩子的袜子没有放在适当的位置上，可能会遭受妈妈骂，说你错了，你这毛病也不知道改改。于是，孩子烦了，发火反击，妈妈回击，继续争执不下，最后吵闹起来，不欢而散。

袜子放在不恰当的位置，没有违法犯罪，也没有违反伦理道德、公序良俗，它仅仅是对你的审美（属于艺术层面的）造成了一点点影响而已。如果你把它拉低到是非对错的低层级，一定会闹矛盾啊！其实也反映了父母够不够智慧。袜子放的位置不合适，给妈妈带来一些不舒服的感受，注意是感受，情感层面，仍然是没有对错的。你直接给孩子说感受就可以了，例如，妈妈看到你把袜子放在这里，是有些不开心、不舒服的。孩子，以后你可以放在xxx位置吗？或者，孩子，我们以后放在哪里更好呢？

孩子听到你这样讲，他心里就相对舒服一些，注意"舒服"是一种感受，仍然是情感、爱的层面，他便可以和你心平气和地交流对话了。你们的沟通就是高层级的，情绪情感层面的，没有掉进是非对错的死胡同。

在某种意义上说，心理学研究的主要就是——情绪、情感、感觉、感受，属于"情感与爱"的层面。

保持这种高维度的沟通相处，你和孩子的关系就不至于太差，孩子也便可以心理健康的成长。

法律和伦理构成了"规矩"，情感与爱产生"自由"。

有规矩有自由，就产生了自我和关系的平衡。

这张模型图在家庭关系里是通用的，包括夫妻关系和亲子关系等。

海哲：我是一个优秀且自卑的孩子

读高二的海哲是个好孩子，父母、老师、同学、亲朋好友都这么说。他学习成绩好、热心肠、善良、积极主动、认真负责、任劳任怨、助人为乐。但就是这么个孩子，很多家长口中"别人家的孩子"，却成了心理咨询的对象，而且是他主动让父母陪着过来的。

他太痛苦了。痛到自己一直都没觉出来。因为，他是一个好人，一个典型的好人。

① 很好说话，不会拒绝别人。同学请他帮忙，再难再麻烦他都会答应下来，哪怕自己很为难。

② 很心软，总是不好意思求别人。

③ 很敏感，被别人拒绝了，自己会比一般人更痛苦，但是不会释放表达。

这三者加起来，就是经典的模式，我把这称之为"三不式好人"。

海哲讲过一件印象深刻的事例。有一次，在班里，A同学找B同学帮忙一件比较棘手的事情。B同学没有答应，对A同学说：你去找海哲吧，他这人好说话。

这话恰恰被前边的海哲听到了，他瞬间有一种怪怪的感觉，额头冒汗，大脑一阵空白。事后头脑清晰了起来——他说这种感觉不是帮助人而带来的价值感、自豪感，而是有一种被人戏耍的感觉。不是帮不帮忙的问题，而是被别人当枪使，当奴仆使唤，甚至为别人的甩锅担责，有一种被人欺负的感觉。

这件事对他是一种较大的刺激，他说不能再这样下去了。很多时候，我们帮了很多人，付出了很多，最后却得了个骂名。

在心理学专业上，这类人被称为——付出型人格或讨好型人格。他们的边界感、界限感较弱，经常容易被"侵犯"，不该他们做的事情也不由自主地去做，外表看是"老好人"，其实他们心里很累很苦很压抑，因为在不断地消耗心理能量。

而且过度的、没有边界的付出，显得不值钱，并不能得到应有的回报和尊重，容易被别人认为理所应当，或者是难题"垃圾桶"。别人遇到难搞的事情就往你这里推，如上文所述：找海哲同学吧，他好说话。

但是作为当事人，他一定也很纠结冲突：不拒绝就很累；拒绝怕得罪人。在不知不觉中，仍然陷入了负向的恶性循环，难以自拔。

这种纠结多来自于内心的"创伤"——被关注和被认可的匮乏。

即：早年缺少被关注、被认可，尤其是在二宝及以上家庭中，我只有不断的付出、付出，甚至是无底线的付出，才能显得我有价值，才能换回你的回应和在乎。

因为这类人还有一个特点，就是特别在意别人的看法、评价。你如果对他有一点负面评价，他会很受伤。一如早年小时候父母对他的冷落，又如他拒绝别人后对他的不友好一样，他受不了那种冷漠态度，所以要一直热心热情，哪怕自己承载不了。

换个角度讲，他们做的并不仅仅是去帮助别人做事、解决困难，而是索取别人对自己的在乎、关注、认可。即：通过外在的肯定，构建自己缺失的存在感和价值感。

心理分析的第二种情况——他帮助的不是对方这个人，而是内心渴望被帮助的自己，即投射性的帮助。他把帮助的那个人，在潜意识里当成需要被帮助的自己。简言之，帮别人，其实在疗愈自己。

讨好型人格带来的负面影响——做事容易没有原则，不经意的破坏规矩，甚至因为做老好人而没有立场和底线，容易被人利用、欺负，陷入被动或者被伤害。积攒过多就容易爆发，造成严重的冲突或伤害。而老好人一旦爆发的话，破坏性极大，甚至超乎我们的想象。

原理很简单，压抑的越多，爆发越强大，通俗讲的"老实人惹不起"就是这个道理。

另外，有一个同学建了一个玩游戏的QQ群，经常分享一些经典的游戏攻略玩法等，约好的只有他们13个队友玩，不让别人进。但是这个同学太心善，拗不过别的同学的软磨硬泡，前前后后邀请进来很多其他的同学、朋友或者没见过面的网友，导致原来的12个小伙伴非常恼火，不和他玩了。后来被邀请的同学相继也吆喝别人进群，他还是拗不过，陆续有别的小伙伴进来，之前进来的又不高兴了。就这样，前前后后，大部分的群友都不乐意，自己好心组建的群也形同虚设、名存实亡了。典型的好心办坏事，里外不是人。

只因为他太好说话，是"三不式"的老好人。他有讨好型人格，因而没有界限感。

解决方法

作为父母，我们有必要让孩子树立正确的思维方式和做事原则。

① 树立意识，保持觉察。

② 帮别人，其实是在疗愈自己。我们就不要绕这个没必要且无效的弯了，我们直接帮助自己、疗愈自己就行，即学会爱自己。你把帮助别人的精力，用在照顾自己上，自我疗愈了，你的超负荷付出型的人格自然会得到一定的缓解。

③ 每次在自己感觉即将热情过度付出，或者被侵犯边界的时候，保持一份觉察，你一定会有不舒服的感觉的。找到这种感觉，在当下，给自己心理暗示：我要刹车止损了，我知道这样是在折腾折磨自己，同时也在间接的伤害对方，我一定不能这样做。

作为父母，要告诉孩子——你有勇气、有力量突破这一点，勇敢说不。这并不是伤害感情，恰恰是在挽救关系。你有信心，你可以做到。你要相信自己，不再在意别人的评价；要做真实的自己，不必在意被人的看法。你不伤害自己,也不伤害对方,温柔而坚定的说不,是最好的答案,走过这片泥潭,终将走上坦途。

佳轩：面对优秀的人，我总是嫉妒

正在读高一的佳轩不想去上学了，说什么都不去，在家也不消停，各种折腾、折磨父母。她父母说："我们都被她折腾得崩溃了。"

佳轩的父母人到中年才有这么一个女儿。父亲外出打工摔伤了，成了残疾人，失去了劳动能力，母亲还需在家照顾父亲，也不能工作。一家人住在郊外的破旧房子里，只能靠低微的低保勉强维持度日。

佳轩在学校是个很自卑的孩子，敏感、脆弱。她很清楚，自己家的情况很糟糕。她不敢跟同学交往，怕被看不起。起初，她在学校住宿，但感觉同学们都排挤自己，便坚决不住宿了。后来，班里的同学也常常来奚落她，加上别的孩子都衣食无忧，自己却吃了上顿没下顿，她感觉生活很绝望。

一个学期过去了，佳轩就不愿意上学了。父母坚决不同意，给她施加压力。父母还请来了亲戚，不停地说教孩子——要听话要懂事，你爸妈这么不容易，你不能退学啊。佳轩快崩溃了。

她说："我好痛苦，你们谁能理解？谁能体会？谁能懂得？"

之后，她就休学在家，在家什么也不干，把父母折磨得够呛。

她父母说："这孩子怎么了？变成这个样子，她是想折磨我们吗？

我做了什么孽,她竟然这么逼我们!"

佳轩说:"看见你们不开心,我就开心了。"

母亲说:"老师,您说这孩子是不是不正常啊?"

其实,这个问题并不难回答,这孩子缺少一份理解,一份懂得。

我见过佳轩,她并没有什么反常举动。只是在这种环境里生存,她有很大的压力。

曾经学校有特困生补助项目,佳轩母亲在知道后,执意要申领,但佳轩坚决不同意,说你要是申领了,我就立马退学。因为这件事,母女间产生了很大的矛盾。一方面,家里实在揭不开锅,另一方面,是青春少女的尊严。母亲只看到了前者,她不能理解后者。

佳轩不止一次地跟我说:"我多么难过啊!谁能知道我有多煎熬。"也许,对她来说,她需要的仅仅只是理解,体谅她的心情。

解决方法

也许,许多父母不懂如何理解孩子,如何走心地与孩子谈心。

听完倾诉,我对这位母亲说:"听了您的诉说,我觉得您太不容易了。为了家里,付出了那么多,还没人理解,孩子竟然还挑您的毛病,真是太委屈了。您要操心明天的饭,还要担心孩子学习。您扛起了那么多,孩子没能理解,实在是让您太伤心了啊……"

我还没说完,她就泪流满面。

我之后问了母亲这样一个问题:"刚才听到我讲的那些真心话,你有没有一些感动?"

她点点头。

"那同样的话,您有没有对孩子讲呢?"

她一下子愣住了。

也许,这位母亲没有设身处地理解孩子的心情。也许,这才是化解亲子矛盾冲突、改善孩子心理状态的良药。

如果父母能够理解孩子的心情,能够读懂孩子的情绪,能够与孩子站在一起面对困境,我相信孩子是不会这个样子的。孩子的痛苦没被理解,她就会让你也很痛苦。

其实,这也是一种共情,一种被迫的负向共情。所谓那句"看到你不开心,我就开心了",这也是基本的人性规律。理解了,就好多了。父母跟孩子沟通时,要避免使用"你"这个词,可以换成"我们"。

在亲子沟通中,这不失为一种简单而有效的方法。

父母智慧时刻

深度共情,是一种爱的能量,能给低落的生命以很大的疗愈和滋养。

第7章

那些无处不在的烦恼，说明是孩子在成长

每个人的成长都会失去很多，青春有很多的获得，也有很多的失去，失望、远离、丧失、渐行渐远、被别人超越……

每一种失去，都是一种痛，痛过之后，会变得坚定、强大。在本章，我将重点讨论如何解决孩子面临的种种烦恼。

孩子离家出走以后

孩子今年15岁,他和母亲大吵了一架,加上原来积怨已深,一气之下离家出走了,已经两天没有回家。

而孩子的父亲经常出差,陪伴孩子的时间又少。在听闻此事后,父亲急忙赶回家,四处寻找孩子。

父母不放心,还为此邀请了心理咨询师前来。所幸的是,除了QQ、微信等社交软件都失联以后,儿子的手机还可以拨通,可此时的儿子愿意接电话吗?

母亲一直在强调事理,强调对错,直到这个紧急危险发生了,她还在强调这些经常听到的正确的"废话"。

原则上,伦理上,逻辑上讲,这些话都很正确无误,但是就是听着让人不舒服,甚至伤心伤感情。

因为对错,不如感情重要!是非,不如孩子这个人重要,不是吗?

与青春期孩子的沟通、相处时,情需要高于理,情感大于道理、事理。孩子和你争对错，都是表面的、表象的东西，这些都不重要，重要的是他渴求你的理解、尊重，渴求情感的支持。有了这些，孩子便不再偏执于和你争对错。

换句话讲，他与你争是非对错，甚至表现的故意抗争、反叛、不懂事，那都是假的，你被套住了，上钩了。

不是孩子不懂事，只是你的情感没有给到位，被事理给蒙蔽了。

跟青春期的孩子，多谈情感、谈感受感觉，多疏导情绪，多一些尊重和理解，如果你能让他感受到你比较懂他，那些问题将不再是问题了。因为——情比理深刻，懂比爱重要。

解决方法

在生活中，充分的练习并运用"以情克理"的心法。

比如话怎么说，言语怎么讲，效果是不一样的，有的话伤人，负能量满满。

而有些话是可以滋养人、疗愈人的，给对方以温暖、阳光、能量。对方听了，会有力量、动力、信心、喜悦。

星云大师曾说："要给人信心、给人欢喜、给人希望、给人方便。"在家庭关系里也一样。

假如孩子给你发了一条信息：妈妈，你在吗？当然，回答的方式很多种，没有标准答案。假如你说："孩子，在你需要的时候，妈妈都在呀！"另附一个温暖的表情。这样的回答带着满满的情感、关爱和温度。虽然听着有些许矫情。但你要明白，如果是在孩子状态比较低落时告诉她这一句温暖的话，就会让她恢复很多。

有人对这句话提出了质疑：老师，其实这句话她是做不到的。在孩子需要的时候，谁也做不到24小时都跟进对方的需要。

是的，的确是这样。我们不可能在孩子需要的时候"随时候命"，那么，这不是在欺骗孩子吗？我们来看——祝爷爷奶奶福如东海、寿比南山！祝福新婚的你们永结同心、百年好合！

严格来说，这四个词真的能做到吗？也基本做不到，但并不妨碍我们普遍运用。因为这是祝福，带着我们的情感、温度与关爱，对方能够接收到就够了。因为很多父母给的爱，孩子接收不到！

父母智慧时刻

别再动不动就跟孩子讲道理了！以情克理，给孩子接近于无条件的爱，是孩子成长路上很大的动力源泉。

让孩子愿意听父母说话

这是我一位好友郝老师的真实故事。在这个故事里,我希望各位家长朋友能得到一些实用的领悟。

上初三的女儿楚楚,这几天有些烦,妈妈看着也很焦虑,但无从下手,不知怎么帮她?

孩子因为作业,与班主任闹了点不愉快,被批评了。她觉得自己很委屈、很冤枉,怎么跟老师解释都没用。

妈妈不知所措,各种话都说了,各种劝慰都做了,各种办法也想了,孩子还是闷闷不乐。

还好,她有个做心理咨询师的爸爸,可惜的是,老郝现在出差在外讲课呢。

三天后的周末,老郝回来啦。爱人第一句话就是——你终于来了,这下你有活干了。

老郝明白妻子的幽怨,他说:"这是我的工作啊,而且是重要工作!"

果然,女儿见到爸爸后,也变得很开心。

午饭后,老郝约女儿一起跳绳。

中间休息时,老郝有些愁眉不展,女儿敏锐地觉察到了爸爸的低落,问:"怎么了?心理学家?"

爸爸轻声叹气地说:"没什么。"

"不对劲啊,有什么事能让你心情不好啊!"

"唉,有点小烦恼,你能帮我疏导一下吗?楚楚,这次你来做咨询师,爸爸付费做咨询。"

女儿想了一下说:"好吧,说好不能赖账啊!"

老郝就把因为时间安排和甲方有些误会的事情说了。女儿耐心地倾听,也展现出一位"小咨询师"的专业范儿。

老郝问:"楚楚,你说我该怎么办?"

楚楚陷入了深思,她绞尽脑汁地想着。

"爸爸,要不咱俩情境再现一下吧,我扮演领导,你还饰演你自己,咱们模拟一遍。"

老郝积极配合,在女儿的疏导下,老郝也有一种豁然开朗的感觉。基于信任,女儿也把自己在学校和老师的问题说了一遍,发现自己的问题和爸爸的问题也类似。于是,想明白了的她搂着爸爸的脖子,露出了难得的笑容。

看到女儿开心得笑了,老郝也轻轻地扬起了嘴角。

相信,我们都看出来了,老郝是演出来的。只不过这次是饰演来访者的角色，平时是咨询师的角色。角色不同，姿态就不一样。

老郝没有摆出咨询师的姿态，告诉孩子一些建议，指导她要怎么做？而是放低了姿态，把自己当成了求助者，向女儿求助。

女儿有了这个角色，内心也就有了力量，有了思考。这整个过程给人一种春风化雨、润物无声的感觉。

启发、引导，远重于说教。在生活中，这是很多父母所缺乏的。他们习惯用自己的经验教训直接告诉孩子。但往往很多孩子并不会听进去。

姿态的调整，是为对方的心理赋能。让对方站在更高的视角，他的视野和格局也就不一样了。孩子也就有力量去战胜困难，也容易产生自信和担当。

姿态的调整，是给予对方的尊重，让他觉得自己被关注，被滋养。我甚至说过，在青春期的孩子面前，父母要学会"装傻"，你变"傻"了，孩子也变聪明了。

姿态的调整，不是给予孩子什么，而是激活孩子、点燃孩子，让孩子启动自身调控机制，调动自身的能量，去面对困境。

我们要相信，每个生命都自带智慧。在有些时刻，并不需要别人的指手画脚。

姿态的调整，是战略的调整。姿态不对，方向就偏离了。

具体的方法已经不太重要，在她与你深入沟通的一刻，她自己的方法论也正在"孕育"。

解决方法

在这里，郝老师的女儿楚楚运用了心理咨询中的心理剧技术[①]。此技术有三个关键点：情境再现、模拟演练、角色互换。

这样能够很好地"重现"当时的情境，有很强的代入感和感受冲击力，让人似乎身临其境。

模拟演练，让当事人和相助者双方都能调动各自的智慧，碰撞出一些灵感火花。

角色互换，又能让双方切换角度，从思维认知、言语行为、情绪情感等不同的维度体悟每个人的状态，得到更多的收获，产生较好的效果。

这个方法，家长也可以和自己的孩子之间多多练习，才会有更大的收获。

父母智慧时刻

姿态，远重于方法！ 和孩子相处，没有一个恰当的姿态，所谓的方法可能就不管用。而姿态又是灵活变通、随角色变换的。

[①] 带有心理学技术的情景剧。

为什么心理咨询，很多时候没有用

很多的家长朋友会告诉我：关于孩子的问题，我做过两次心理咨询，都没啥效果。

我相信家长说的是事实，也能理解家长失望的心情。关于这个问题，我也认真地思考过，和同道老师交流过，也接受过督导。鉴于这个问题有一定的普遍性，故归纳总结如下。

① 可能是咨询师的水平能力有限，专业度不够高，不够资深，或者经验不足，没能有效地帮到来访者。

② 匹配度的问题。匹配度很关键，直接决定了咨询效果。通俗来讲，就是来访者与这位咨询师合不合适，匹不匹配。匹配度好了，实力水平一般的咨询师也会有良好的咨询效果；匹配度不好的话，顶级的心理专家可能也不会有好的效果。合适的，才是最好的，在这里适用。我们建议来访者找到适合自己的咨询师。

怎么才是合适呢？没有标准答案。如果非要找一个规律的话，就是凭感觉。心理咨询是非常重视感觉感受的，直接感受到的东西，或者叫直觉非常重要。你和咨询师做咨询，你心里舒不舒服，自然的感觉感受如何？可以作为你重要的参考标准。如果你看他不顺眼，或者看见就烦他，可以换一位。

❸ 心理咨询不是唯一的办法，也不是全部的办法，有时候单一的咨询效果就是有限，配合其他形式的干预会更有效果，比如就医、运动等。

❹ 最重要的，可能是来访者太急了。着急的心情，我们完全可以理解。都是做父母的，看到自己孩子的顽固的、棘手的问题，谁能不着急？谁不想赶快解决掉？

关键是，着急本身就是最大的问题。不解决这个问题，孩子的问题可能无从化解。

就像考试，可以适当地焦虑，有利于发挥。但是过度焦虑，就是问题了，它影响发挥，甚至不能参加考试。

我曾提到"稳定压倒一切"的观点，稳定的情绪和心态，是我们解决问题的根基。所以在解决孩子的问题之前，我们一般是先做父母的工作，具体来说，就是先做父母的情绪和心态的工作。没有这个，后面没法开展工作。

这一类的来访者可能也找过很多的咨询师、专家，结果可能都是让他失望。可能他找再多的专家，也没有什么效果。

急切急迫，导致问题很难解决；反之，慢就是快，反而有利于解决。

我们先理清楚一个基本逻辑——孩子长年累月积攒的顽固性问题，怎么可能一下子解决呢？如果能一下子解决的话，就不是什么大问题了；既然不是什么大问题，怎么困扰了你那么久呢？困扰的你焦头烂额、寝食难安呢？

所以，很多问题比如"手机依赖""不愿上学"这些的解决是需要一个过程阶段的，不是一蹴而就的。表面的现象背后有很深很久且复杂的原因，不处理内在，而直接"包扎伤口"，是很不负责的，也是容易没有效果的。

其实也有短平快的方式，给出几点具体的技巧方法甚至秘籍，也有效果的，但往往会反弹，这个是很正常的。

这个问题改善修复的过程是呈现螺旋式上升的，或是波浪式前进，有进有退，总体为进。

我们都知道，好习惯的养成很难。因此，作为家长的我们和孩子的互动关系，从无效的模式，调整到有效模式，也是很难的。以具体的事例来讲，我们容易开口就指责孩子，这是习惯了的。

如果家长在这一点没有根本改变，孩子还是不会从根本上去自我改善的。做父母几十年的固化模式，不是一两天可以改变的，所以效果也不是一两天可以呈现的。

效果的产生，也要看家长朋友的配合。解铃还须系铃人，问题从哪里来，就从哪里解决。君以此始，必以此终。有没有效果，要看家长的成长速度。

如果你愿意，咨询师也可以陪你一起成长、一起精进、一起改善。

嘉琪:接纳是我看待自我的方式

读高一的嘉琪有一个很大的心理困扰,每当看到有的同学比自己成绩考得好的时候,就特别难受。

她想攻击对方,甚至处处找茬,导致自己很多时候和同学的关系很紧张。

其实她明白这是自己的问题,但就是控制不住。

她本人成绩很好,从小打大都名列前茅,就是受不了别人超越她。否则,她就产生低价值感,否定自己、"想爆炸"这些负面情绪。

嘉琪的困惑在一些同学身上也同样存在着,他们往往是成绩比较优秀的孩子,且不允许自己有偏差、失误或退步,有完美主义、全能自恋的倾向。

这里面一般有两大心理机制在发挥作用,一个是不接纳自己,攻击别人,就是在攻击自己。

不接纳别人的优秀,别人有的,我没有,我就很痛苦,甚至诅咒对方。

因为别人的优秀折射了自己的短板，这是自己实在不愿意看到的，接受不了的。这种不接纳，其实是不接纳自己不好的一面，只接纳自己好的一面。

这类孩子往往是被夸大的，被赞美大的，有人称之为"夸奖依赖症"，夸奖就前进，不夸就沮丧。只要好的，不接受坏的，多彩世界被他活成了单色调的，很明显，是一种失衡，不平衡。这不仅仅是在学习上，今后走向工作岗位，踏入社会也会带来一系列的问题。

这种孩子还会有一种特点，就是抗挫折能力差。稍有挫败，都可能致其崩溃。

另一个是竞争思维，而不是合作思维。

竞争思维本没有错，错的是绝对竞争和垄断性竞争。好的只能是我，别人就不行，这种灭绝性的竞争是很可怕的。而合作的思维是——我好，你也好，我们合作、互利共赢、共同发展。

孩子除了天生的一些原因，更多的是后天的养育环境导致的。父母一直实行夸赞主义养育模式，例如前些年流行的那句"你是最棒的"。这句话实际上有些纠枉过正，表面有一定的积极作用，但实则潜在伤害性很大。

解决方法

学会接纳自己的不完美。

请注意练习以下一段语言。

感恩父母让我来到这个世界，感谢这个世界让我健康的存在。我知道自己并不完美，就像这个世界并不完美一样。我允许自己有失误，就像父母养育我的过程也有缺失和不足。我接纳真实的自己，有优点也有缺憾，有自律也有懒散，就像这个世界有黑夜也有白天，因为真实比假装更重要，因为一直白昼或黑夜，并不适合人类生存。我接纳自己，与这个世界一样真实地存在着，一切都在自然地发生着。我痛苦的时候，允许自己哭泣；我疲惫的时候，允许自己休息；我烦躁的时候，允许自己止步。我接纳自己的不完美，允许自己的小挫败，然后我便不再内耗，我就更有力量。

有了接纳、允许，孩子才会变得真正爱自己，爱自己的父母，爱他人，爱这个世界。

家长鼓励孩子多与同伴互动、合作、参与活动、协同做事。

让孩子对他人，有融入感和集体感。跳出自己的小框框，解除自我的枷锁，在协同做事的过程中，体验自己作为一个角色，与他们链接的感受。

让孩子明白，别人的成果，有自己的一份；自己的收获，也有别人的功劳。在很多的活动中，自己与团队一荣俱荣，一损俱损。

父母智慧时刻

不接纳别人，就是不接纳自己；攻击别人，也是在自我攻击；不接纳别人的优秀，就是不接纳自己的短板。

全能妈妈的困惑:孩子为什么不领情

大部分来咨询的案例都是负面事件,像雪岚这种因为妈妈对她太好了的事情选择来咨询,还是比较少见的,但非常有代表性!

雪岚妈妈的确是个好妈妈,对已经17岁上高中二年级的女儿,就像照顾幼儿园的孩子一样。

女儿也显得无奈,一脸不情愿,又感激又排斥地说:"妈,你对我那么好,会惯坏我的,知道吗?我都那么大了,你什么都管,什么都想给到我最好的,哪怕自己再苦再累再拼命。你这样让我很不舒服,知道吗?"

妈妈一脸常态自然地微笑说:"嘿,你是我的亲闺女,我不对你好,对谁好啊?"

妈妈不理解女儿的意思,女儿也表达得不清楚。

妈妈接着说:"你是我的心头肉,我疼你啊!我小的时候受了那么大的苦,遭了那么大的罪,不想让你那么难了,看到你就想起我的小时候啊!"

在这位妈妈的言语中呈现了重要的信息，请注意这句——"我小时候受了那么大的苦，遭了那么大的罪，不想让你那么难了，看到你就想起我的小时候啊！"

我扭过头对女孩说："雪岚，我听出了你的为难。妈妈对你太好了，好到让你无所适从，不知如何是好？是不是有一点不自在呢？"

"嗯嗯，是啊！老师！"

"你不想让妈妈背负太多？"

"老师，就是这种感觉。谢谢你能够理解我的心情。"雪岚看着我，终于露出了微笑……

几次咨询之后，我又单独跟雪岚聊了会儿。经过几个月的时间，我渐渐化解开了他们之间那种微妙的、常人难以理解的疙瘩——情感纠缠。

雪岚是很优秀的孩子，听话懂事，学习好，经常做家务，人长得也漂亮，就是和妈妈相处会有很沉重的感觉，甚至有点窒息感。

这个疙瘩的关键还是在于妈妈。这是一种比较明显的"投射"现象——"看到你就想起我的小时候啊！可不能让你那样"。

妈妈自己小时候属于单亲家庭，父母离异，母亲改嫁，跟着父亲长大。

父亲在外做生意很忙，没时间管她，主要由爷爷奶奶照顾，而老人家也不是那种会照顾孩子的人，光顾着自己，不管不顾孩子。这可能是时代的原因，这种情况在农村的老一辈中还是常见的。

雪岚的妈妈就在这样的环境中长大，被迫学会了生活独立，所有的家务都会干，还要照顾弟弟妹妹，还要担任父母的角色，还得服从爷爷奶奶的吩咐指使。那时不到12岁的雪岚妈妈，承载了她那个年龄不该承受之沉重。同时，她很明显地缺少父爱、母爱。

她整个操心的过程，其实是在填补内心的缺失感、空洞感，以便让自己显得比较有价值。她长期渴求被关注、被认同，以至于内化成了一个固定的习惯、固化模式。

有了女儿之后，她对女儿关爱备至、呵护有加，其实是明显的"投射性的关爱"。

与其说是关爱孩子，不如说是关爱那个曾经的缺爱的自己。

内心的语言逻辑是：自己早年受过的苦，我要加倍补回来，自己不能补了，我就在孩子身上补。

在育儿的过程中，无意识地完成自我心理创伤的疗愈、自我心灵的救赎。

但孩子毕竟不是宠物狗，是一个活生生的人。一个独立的生命个体，不以她的意志为转移的。于是就呈现了各种关系冲突：你非常爱孩子，但孩子似乎不太领情，还感到烦扰。

她不能直白地表达，不然被扣上不知足、不感恩、不珍惜甚至没良心的大帽子。

女儿需要自由，她不停关爱，走得太近，实际已经成了控制；女儿需要独立，她不断提醒教导，以爱的名义，实际已经成了干扰；女儿需要空间，她不住嘘寒问暖、替代包办，实际上构成了突破边界的侵犯。

最近网上有句经典的段子，很有意思——幸运的人，用童年治愈一生；不幸的人，用一生治愈童年。

这个母亲，属于后者。这样的例子在我们身边有太多太多，只是我们很多当事人没有察觉到而已。

这些极端的案例有自己当年没有考上一流大学，非得逼迫孩子考985，投射了自己的未完成的心愿；自己看不惯某某，也告诉孩子也要离某某远一些，投射了自己的厌恶；自己渴了冷了，非得孩子也喝水也穿衣，不管人家需不需要，投射了自己的需要；自己认为这事应该这样，非得要求孩子也这样，投射了自己的认知；孩子想说什么还没说呢，自己先入为主地替孩子说了自己想说的，这是投射性表达。这种情况发生多了，青春期的孩子就不愿和你交流了，这很正常也很好理解。

以上这些情况，我将它们分别整理为投射的五种类型——投射性关爱、投射性攻击（厌恶等）、投射性需要、投射性认知和投射性表达。本文讲到的案例属于第一类——投射性关爱。

你给孩子的关爱，不是她需要的，而是你自己需要的，当然会带给对方不适感和排斥。

说得严重一些，你这样做的后果，是在阻碍孩子的成长，让他不能长成自己本来的样子，而是长成母亲期待的样子，想想就很可怕。

我们的思想观念需要与时俱进，现在的孩子独立意识、自主意识就强，这种养育方式一定会带来冲突。

作为父母，我们要学会给孩子松绑，同时学会爱自己。对外界投射再多的关爱也不能弥补我们内在的缺失匮乏，爱自己才是正道。

这种外在看着很好的关系，其实是有很多潜在危机的。古语曰：物极必反。

高付出必然会高期待，高期待也会高失望，高失望会导致严重的冲突矛盾。

因为你的内心语言是——我对你那么好，你怎么这么对我呢？你竟然这样？！

这种内心的失衡会对当事人造成严重的心理打击，导致很多人怀恨在心，或生重病，或郁郁而终。

解决方法

这个母亲和女儿的关系，其实是内心中她自己与自己的关系的外化。

当她能慢慢地觉察体会到这一点的时候，投射心理会被慢慢收回。

觉察是改变的开始，是成长的开始。如果还是不知道怎么做，我们可以做收回投射的练习。

请各位父母找一个比较安全清静的环境，和孩子一起练习。

如果条件不具备，可以用一个物品等代替自己的孩子。你静静地用心地看着她，饱含深情地说："孩子，妈妈很爱你，因为你是我的孩子，是我们生命中最宝贵的馈赠。但你不是属于我的，你是独立的。"

我爱你，就让你成为更好的自己，而不是我期待的样子。现在我郑重地把我的投射收回，这是对你的尊重，也是对你真正的爱。妈妈依然深深地爱你，而是以你需要的方式，而不是我认为的方式。

对父母来说，收回投射并不代表放纵不管，反而给孩子更宽广的成长空间。我们要避免非黑即白的幼稚化思维去看待问题，跳出自己的小框框看待问题，你会收获更多的精彩。

收回投射式关爱，给孩子松绑，同时把这份关爱调转方向，向内给到自己，你会发现：天空依然蔚蓝，阳光更加灿烂；鸟儿快乐自由，织绘美好明天。

父母智慧时刻

爱孩子就要如其所是，而不是如我所愿。

"早恋"问题的背后

初二的娇娇"早恋"了,听上去却是一个悲情的故事。

她传说中的男友是外校的学生,这一天特意来找她。

两人相约出去吃饭,逛公园。

在回家的路上,两人正手牵手,突然一个人影以迅雷不及掩耳之势闪现在两人面前,拦住了他俩的去路。

娇娇感到有些说不上来的熟悉。只见那人摘掉帽子、墨镜和口罩以后,真相大白了。

原来是爸爸,娇娇又惊又吓。

于是,他们选择前来咨询。

在弄清楚一件事以前,我们首先不要对一个人做判断。

青春是一道光,它有它本来的色彩,不是吗?

娇娇发现咨询师不是爸妈的救兵和帮凶后,平和了很多。她开始渐渐敞开心扉。

在娇娇的陈述中,我们知道了这个男孩是个暖男,很会照顾人。

虽然不善言辞，但总却总能讲到她的心里去，两人有说不完的话语。

在自己不开心的时候，总有他的安慰；在自己压力大的时候，也有他的鼓励；在冬日的寒风吹过时，也有他温暖的怀抱。

听着娇娇的陈述，她的父亲逐渐变得失控。我让他出去，顺便让娇娇接着讲下去：原来男孩的爸爸在海外，不久男孩就要去异国求学了。两人相约一同看樱花、吃美食、坐游艇，但这就是太遥远的奢望。

娇娇的橱柜里还放着男孩送的枫叶，上面写着一首诗："枫林外，石桥边，那个美丽的姑娘，和一个爱写诗的少年，却没能牵手永远。"

和他在一起后，娇娇也爱上了古典文学。她喜欢上了写诗，但她的成绩没受"早恋"的影响而下滑，反而提升了。

那是一段美好的时光，出现在自己最美的年华里。这是她生命中第一次遇到让自己真正心动的人。

娇娇在网络上给他们种植的爱情树浇水施肥之后，在下面给男孩留言：林深时见鹿，海深时见鲸，雨深时见虹，但情深时，我却见不到你……

娇娇的故事很长，我却听得很有耐心。每次咨询，我只是听着她叙说着那些美好，却也没打断过她。

咨询前后经历了9次，娇娇逐渐从低落中走了出来，两个少年仍然有线上联系。但娇娇不像是不懂事的傻丫头。在她的故事里，也有节制。

他出国了，她重返校园，还是那个烂漫的姑娘，只是在心底藏着别人不知的故事。

青春的爱恋，它不像成年人，带着一份纯真青涩。尽管很美好，却也很短暂。

针对她父亲的诉求，我也没有说。因为这无须父母投射太多关于自我的东西。

我们需要做的，是对一个青春期的少女尊重和了解。而她也明白，一段美好的感情总有结束的时候，她会克制自己，不变得那么难过。毕竟还有那些美好的回忆，值得她铭记。

第8章

孩子情绪"感冒"了,就别发展为心理"肺炎"

做孩子的工作,父母是重点。而为了挽救孩子的情绪,父母的情绪最先需要解决,因为它影响孩子的情绪和心态。在本章,我将告诉各位父母如何在调整自己的情绪的同时,也挽救孩子的情绪。

亲子关系缺失，激发了孩子的攻击性

初一的儿子总爱莫名其妙的发火、找茬，说烦死了，怎么那么早就进入青春期了，哎，愁死我了！

14岁的女儿总爱大吼大叫，很有冲击力，有时也会默默地哭泣，我们搞不懂，她也不跟我们说。

一位妈妈说，17岁的儿子世宇好像情绪管理能力很差，他怎么那么多负面情绪呢？都那么大了还管不住自己，愤怒、怨恨、焦虑、暴躁的情绪，也不知从哪里来的。

面对孩子发火，很多家长朋友表示不理解。往往很容易不经意地斥责，这样的一来一往，就形成了拉锯战，亲子关系出现了紧张的态势。有的关系还不断恶化，继而导致了一系列的问题。

在这里，我将愤怒、攻击、生气、发脾气、闹情绪等统称为发火。事出必有因，没有无缘无故的发火，我尝试——解析。

1. 需求未被满足。这种情况的发火,多少都有一些心理退行①,比如婴幼儿饿了想吃奶了,就哭闹、发脾气。常见的就是撒泼、一哭二闹三打滚,这是对父母发出的一种信号。我的需求,你们要想办法回应一下。

在古代封建社会,若是闺中少女看上了如意郎君,又不好意思表达,往往就会向父母闹腾,父母凭借经验才可化解。

需求没被满足,这是孩子发火常见的原因。做父母的要看到哭闹发火背后的需求。

2. 无助、无力、无望甚至绝望。当孩子遇到自己搞不定的问题时,父母又不能很好地帮他,更有甚者不理解他的难处和困境,甚至责骂、怪罪,这时的孩子就容易发火。譬如孩子的作业太难、压力太大,面对学习和考试压力,非常焦虑又无计可施。逼到最后,就容易向父母发火。

要学会将心比心,转换为成年人的逻辑也一样。如果你在工作上压力特别大,领导还继续施压,家人又不理解,那么你也很容易发火。再有你赶高铁或飞机,就差最后的两分钟了,结果还是错过了。你有非常重要的事情要做,一下子耽误了,很多人会捶胸顿足、大发脾气。这种情况最需要被父母读懂,因为读懂本身就是深深的爱。

3. 恐惧。当人处在恐惧的时候,是容易发火的,甚至大吼大叫。这种发火是在释放心理能量,是对自己的一种保护。放大的焦虑和担忧,有时候会转化为恐惧本身,包括中学生对于高考的恐惧、对于未

---

① 即心理状态退化到幼年时。

来的恐惧，对于巨大竞争的恐惧，就容易导致发火。

④ 发火是一种没有办法的办法。很多人，很多时候也不想发火。从逻辑上讲，发火是不舒服的事情，人性是趋利避害的，既然不舒服为什么还要做呢？没办法呀，你以为他愿意发火，喜欢发火吗？发火也将自己折腾得够呛，你以为他喜欢虐待自己吗①？

他实在不知如何应对了，就只能发火了。有的心理学派说发火是一种无能的表现，其实就是这个原理。

发火实属一种没有办法的办法，是一种无奈之举。反过来说，但凡有一点办法，谁也不愿意发火。所以发火的人，需要被理解。

⑤ 恨与爱的距离。如果孩子向你发火，请注意——这是一种亲密关系的体现，很值得庆幸。

如果孩子懒得向你发火了，麻烦就比较大了，情况就有些危险了。传统文化智慧告诉我们——恨与爱都是同时存在的，是一枚硬币的两面，这一点在心理学上也通用。孩子能向你发火，证明他心里有你，也爱你。婚姻关系也一样，如果妻子不再向丈夫发火，而转向别的男人发火，情况就有些不妙……

⑥ 委屈，被误解、误会、冤枉、错怪。这是很多人都有的体验，如果被误解，人是很容易发火的，孩子更是这样，他们偏感性，更容易情绪化。被误会，自己又辩解无力，更加深了冤枉感，他们会不自觉发火甚至暴怒。这时父母不妨沉下心来，多听听孩子的倾诉和心声。不要强加自己的意志和观点，让孩子说完、说清、说透更重要。

---

① 我们描述的是一般情况，少数的自虐者不在我们论述的范围内。

7 他在攻击自己。还有一种普遍的情况是孩子的心理创伤被激活了,痛点被戳中了。他发火,是想以此来麻痹自己受伤的心、遮蔽更深的痛。很多人认为孩子发火是在攻击父母,不,他是攻击他自己,发火是很消耗的事情,这种情况让人很心痛。谁不愿意好好的?

具体地说,一个女孩如果从小指责,留下了心理创伤。等到她长大时,再有人重复当年的指控,她就很容易发火,因为曾经的创伤被激活。而成熟的人会避开这一点,不会哪壶不开提哪壶,这也是一种对他人的尊重。

从这个角度讲,在发火的背后,其实是一个个受伤的孩子,受伤的心。这令人心生疼惜、怜悯。

萨提亚学派说,当我看到你朝我发火,我会感到你受伤,我很心疼你。从另外一个维度讲,这也算是一种慈悲。

当然,导致孩子发火的因素有很多,包括且不限于这些。至此,我们可以看到,在孩子发火的背后、深处,远远不是我们想象的那么简单,他在和我过不去,他在和我作对,他在故意地折磨我、折腾我。

在情绪失控的背后,是一个生命的不易、艰辛、苦难。

我们按顺序默读以下的几个关键词——看见、看清、看透、看淡、接纳、理解、包容、放下。

恭喜你,如果你能看到并理解这些词汇,那么你的情绪将会平复很多。对孩子就很容易接纳,乃至于达到更高境界的"悦纳",你也就离慈悲和智慧不远了。

到那个时候,孩子的问题便可以水到渠成、行云流水般地自然化解了。

依恋，让关系得以归位

一个人的情绪从来不是假的。情绪真实的流露，不受个人认知的控制。优秀、卓越的父母，需要做一个容器，把孩子投过来的负面情绪接住、包容住，然后经由你的调节，再投出健康的、积极正向的情绪。孩子正是在这一个交互过程中，真正体验到成熟的成年人是如何调控并消化情绪的，并潜移默化、耳濡目染地从中学习，受到影响而变得更好，有更好的情绪管理能力及心态。

我们需要清楚情绪的两个基本要点——任何人都有拥有负面情绪的权利和表达负面情绪的资格。剥夺对方的权利资格，势必会造成矛盾。很多父母是不允许孩子有负面情绪。如果有，不停地指责、唠叨、训斥甚至嫌弃，这容易造成孩子的心理创伤和关系冲突。

拥有正负两极的情绪，就像人的日常饮食等基本生理需求一样，这是有机体基本的权利。

当然，如何表达情绪是有学问的。

情绪是没有好坏的，由于情绪而导致的行为是有好坏的。比如，吓了我一跳！

"我受惊吓"这本身没有对错。但是因为吓了一跳，就对对方拳打脚踢，这就不对了。

父母的恰当做法——先接住孩子的情绪。 当孩子有负面情绪的时候，父母要做个容器，尽量去接纳、包容，去看到，去共情，才能更好地疏导、化解，让孩子的情绪恢复于平和。

再找情绪的源头。 一个人不会莫名其妙的有情绪的——尤其是负面情绪，他一定是经历了什么，受到了什么刺激打击。当我们看到情绪背后的东西时，这是懂得和理解，也是一种关爱，孩子能感受得到。如果我们没有发现缘由，可能是潜藏的很深，压抑在了潜意识里了。在随后的文章里，我会陆续写到。

父母需要做个"定海神针"。 这里的定，主要指稳定，情绪的稳定、心态的稳定，乃至于人格的稳定，而情绪的稳定是最基本而表象的。

在咨询中，我能感受到一位母亲是很焦虑的，语速很快、很急，口气、态度是偏急迫的，咨询师能敏锐地捕捉到一种压抑、压迫、紧绷、烦躁，甚至想逃的感觉，而这个感觉就是孩子与母亲沟通时的感受，而且孩子的负面感受可能会更重一些。因为这位母亲跟咨询师沟通是经过有意克制的，她跟孩子沟通时这种情绪状态会更严重。用孩子的话来讲就是：一听她说话，我就受不了[①]。

严谨来说，孩子说的是真心话，这是他真实的感受。只不过有的母亲觉察不到自己的固化情绪行为模式而已，或者说，她也知道，但就是不知道如何改善。长期在这种家庭氛围中成长的孩子，很容易出

---

① 注意：孩子听的不是内容，是情绪。

现各种问题。

我们管理不好自己的情绪，看见孩子就想发火，看啥都不顺眼，这是我们自己的问题，是我们需要成长进修的地方。

做孩子的工作，父母是重点。而父母的情绪是最先需要面对解决的。情绪的稳定、情绪管理是个大问题，也是个长期工程。严格来说，如果想取得良好的改善效果，是需要经过专业咨询处理的。当然，看书并积极练习也会有一定的效果。

而且这个应该是一个必需的过程。你想让孩子心理健康的成长，拥有较好的情绪管理能力，那么做父母的就需要有较好的情绪管理能力、稳定的情绪心态，以便给到孩子积极正向的影响。

这个逻辑是——父母做好了去影响孩子。如果让孩子先做好，再影响父母，这就麻烦了，问题就大了！孩子站到父母的角色位置上，问题是很严重的。

所以，情绪和心态的健康稳定，我明白很难。即便再难，也要去做。对于未成年人，这是我们做父母的责任。

情绪宜解不宜结,否则容易得"心癌"

很多的矛盾、关系冲突,个人的烦恼、困惑、压力,是因为不能很好地表达自己的情绪。

负面情绪积攒过多,压抑过多,导致最后的爆发,影响了关系。或者积郁良久,出现了莫名的症状,譬如想哭、伤心难过、情绪低落、烦躁或累,但就是不知道为什么。但如果早期能够合理表达情绪,或许就不会造成这样的结果。

合理表达情绪,是情绪管理能力的一个关键点,也是高情商的一种表现。要如何操作呢?

用"我感到"说出你的感受、情绪。看到这件事,我感到有些难过;他那样说我,我觉得自己有些委屈;昨天你对我讲是我导致老师不能正常上课,我心里觉得有些愧疚、自责,甚至有点负罪感;但我跟你一讲,你能听懂并理解我,我觉得好多了。

情绪这种务虚的东西和务实的物质是一样的,就像恶心了要呕吐,你需要吐出来。当你有负面情绪产生时,它也需要合理的宣泄和疏导,像排污一样任其流淌出来,才能保障生命有机体的健康。

要表达的情绪,你的用词越精准、效果越好,这叫作为情绪命名。当你有一种感受说不出来的时候,心里有一些别扭、不舒服,突然有一个人准确地说出了你的内心感受、想法、需求等,你便会有一种豁然开朗的通透感,甚至会有一些感动,紧握那人的手说:"知己,知己,相见恨晚啊!"情绪需要表达,需要被看到。

为了更好地练习,达到合理表达情绪的目的,你可以参考《现代汉语大词典》等权威工具书,查找所有关于情绪的词汇,全部记在本子上,并弄清楚它们的具体意思。当然,词汇有数百个之多,其中的负面情绪也较多。在翻看的过程中,不知不觉,你的负面情绪也得到了释放。

合理表达自己的情绪,国内的婚恋情感专家赵永久老师也把它称之为"述情",即为表述描述自己情绪之意。

我认为,述情与共情同等重要。此二者可以称之为情绪管理的两大法宝,是锻炼高情商的左膀右臂。一个是表达自己的情绪,一个是感受对方的情绪。只需要一结合,就形成了合力,会促进良好关系和自我状态的达成。

只描述事实,避免夸张或偏离。我感到很伤心,因为你从来没有关心过我。当看到这句话时,你会发现——前半句并没问题,后半句则会激发矛盾。因为它是对别人的指责,并且"从来"是很夸张的词汇,带着明显的不满情绪。

这种沟通就不是内容沟通了,而很容易形成情绪间的对抗。

上个月,你来家里两次,不到一个小时就走了,我有点难过、失落。我想让你多陪陪我。这样的表达,就相对容易被接受。它一方面表达了感受,另一方面也兼顾了事实。不夸张,不偏离,避免指责和攻击对方。

经典句式练习。我感到……因为……我希望……例如，你的成绩报告单上得了个A，我感到很高兴。因为我知道你为此付出了很多努力。这句话强调了你的努力，而不是你的成绩，表达出努力比结果重要，孩子比成绩重要。如果换成"我真为你得了个A感到高兴"效果就大打折扣了。你可以用心感受一下两者之间微妙的差距。

"你打弟弟时，我真的感到很生气，因为我讨厌暴力。我希望你能想想你要表达感受的方式和自己想要什么东西时的表达方式，当然，爸妈会照顾你的需求。"这种延伸式的句式，也是很好的处理孩子冲突的方式。它表达了——你可以生气，爸妈理解这个，但你不能虐待别人。你可以尝试别的有效方式，爸妈理解、支持你。这句话便是完美收场的表达。亲爱的家长朋友们，你学会了吗？

你们可以在生活中大量的练习运用。这个情绪表达的方法论，对于家长和孩子是通用的。

附：情绪疏导方式

① 适当的运动，永远是疏导情绪和缓解压力的最好方式之一。无固定的形式，如爬山、有氧跑步、打球、跳绳、踢毽子、瑜伽、健身操、单双杠、太极拳都可以。适合自己的、自己喜欢的，都可以作为情绪疏导的方式。

② 自己找一个空旷的、不影响人的地方，大声喊出来，释放压抑的情绪。

③ 听舒缓的音乐，轻音乐或无伴奏的音乐。

④ 转移注意力，做自己喜欢的事情。或让自己忙起来，可以暂时消解负面情绪。

⑤ 艺术性升华。写诗、小说、作曲、绘画、舞蹈、摆弄物品等自由创作，可以把负面情绪情感做艺术性升华。现实点说，大部分的文艺作品都和情绪情感尤其是负面情绪有关，没有大喜大悲，痛彻心扉，难出佳作。

⑥ 做绷紧练习。请双脚叉开、与肩同宽，闭上眼睛，呼吸放松。深吸一口气，用尽全身的力气绷紧肌肉。从手脚开始，然后遍及头部、躯干，在这个过程中，请咬紧牙关。绷紧全身肌肉，瞬间猛地呼气，也可大喊一声，让自己完全、彻底地放松下来。重复练习三次以上，你将得到极大的情绪疏导和缓解。

⑦ 请接受专业的心理咨询。

情绪需要表达,更需要管理

情绪管理,永远是亲子沟通、关系相处中的关键要点。

很多父母问我,总在与孩子相处的过程中发生摩擦,被孩子气得怒不可遏,打也不是,骂也不是,怎么说都不是,发火不发火都不行,实在不知道该怎么办了!这该如何是好?

我非常理解这些父母的心情。作为一名父亲,我也常常饱受不良情绪的冲击,特别是在目睹了孩子犯了那么多错误以后。但当我仔细地甄别这些不良情绪以后,我总结出了以下面对不良情绪时的妙招,希望各位对此有困扰的家长能够尝试和学习。

① 当生气时,注意视线避开孩子(眼不见心不烦),注视那些能让你放松的地方。

② 尽量深呼吸。深深地吸气,默默地在心里读10个数,1、2、3……请注意,频率要越来越慢。默念的同时,要轻轻地吐气。等念到10时,要告诉自己尽量平静、放松。

③ 找一张空椅子或能够代替孩子的玩偶,想对孩子说的话(包括气话、狠话)对着它倾诉出来,达到宣泄释放的目的。

④ 找个擅于倾听的人,平心静气地谈一谈。从理性的角度分析,

找出其中能够改善的部分。

⑤ 寻找例外因素。孩子总这样对你吗?有没有表现好的时候,当时你说了什么、做了什么呢?有没有今后可以改善的地方?如果你有了较好的想法,可以与伴侣交流。

除此之外,如果遇到难以解决的心理问题,建议你向心理咨询师寻求帮忙。

咨询师能帮你解决一些你自身难以克服的心理症状,如果你经常会莫名其妙地发火、暴怒,那这有可能就是你心结了。

如果无法破除你的内在心理障碍,你和孩子相处的障碍就无法扫清。

情绪海拔及其曲线图

为了更好理解并研究情绪，我引入了"情绪海拔"的概念。

每个人都有情绪，而情绪是时刻有波动的，这是人的常态。而情绪的上下波动值、波动频次、持续时长和影响是不一样的，这在很大程度上反映了一个生命个体的心理健康程度。

如果将情绪的绝对平和（一个理想中的绝对值）看成零点基准线，即海拔零点。海拔在0以上的点，我们称之为正向情绪，相当于人处在海平面以上；海拔在0以下的点，我们称之为负向情绪，相当于人处在海平面以下。那么人所处的那一个个点的连线，就是"情绪海拔"，它反映出一个人的情绪波动范围。

我们将0~1500米视为低海拔，1500~3500米视为高海拔，在这个高度范围内，大多数正常的人类都可以适应。而将3500~5500米视为超高海拔，在这个范围内，有一些个体的差异决定着他能否适应这种生存环境。我们将5500米以上的范围视为极高海拔，在这个高度，人体的机能会严重下降，而有些损害是不可逆的。

因此，我将0~1500米的情绪海拔姑且称之为"淡淡的喜悦"，这是最适合人类居住的范围；我将1500~3500米的情绪海拔称为大喜；我将3500~5500米的情绪海拔称为狂喜。在这个峰值，人们会出现一些不良反应，影响机体健康。我将5500米以上的情绪称之为极喜。我们都知道乐极生悲，这是很不健康的机体状态。

除此之外，我将0到-1500米的情绪海拔称为淡淡的低落，谁都有心情和状态不太好的时候；我将-1500到-3500米的情绪海拔称为消沉。通常，人们在经历一些冲击刺激性事件时，心情会变得比较沮丧。而我将-3500米到-5500米的情绪海拔称为非常低落，大部分处在抑郁状态或罹患抑郁症的病人的状态大致在此范围内。我将-5500米以下的情绪海拔称为极度低落，通常生命有机体在受到死亡的威胁时，大多呈现出较强烈的厌世感。

我根据情绪的每个节点在时间轴的区间画出它的轮廓，这就是情绪海拔曲线图。譬如以每天的整体状态作为为一个节点来画出自己的情绪海拔曲线图（如图8-1）。

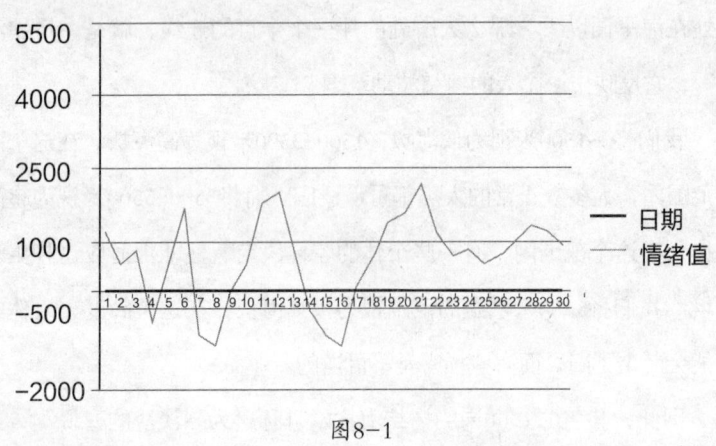

图8-1

躁郁症,也被称为双相情感障碍。有躁郁症的人,他们的内心曲线是比较大起大落的,经常在两个极端游走。

处于抑郁状态或抑郁症的人,情绪海拔大都在海拔线以下。

而那些善于调动心理防御机制,让自己每天活得很开心的人,他的情绪海拔大都在海拔线以上。

作为父母来说,养育孩子是一件劳心劳力的事情,自己不定期地描绘情绪海拔曲线图,有利于了解自我心理状态,对自己有较为客观现实的评估。作为孩子来说,所谓自知者明,有了较好的自知力,这是做很多事情的基础。

心理学家建议我们将情绪海拔尽量调控在0~1500米。处在这一区间,符合健康的情绪状态,就像适宜人类居住的区域。而这是我们的努力成长方向。

第9章

在关系中有了方向,孩子才能被看见

陪孩子成长,既考验孩子的智慧,也考验父母的耐心。许多孩子的成长,都离不开方向的指引。而如何设置方向,就需要父母来贡献属于自己的能力。

在本章,我将对孩子在关系中的成长方向,与各位家长做一探讨。

作为家长,你在变相攻击孩子吗

面对这种情况,你熟悉吗?

当你朋友向你倾诉孩子的问题时,你提出了一个方法,被他否决了。你告诉他另一个方法,他说还是不行。当你告诉他别的办法时,他说我试过了。

于是,你绞尽脑汁,隔三岔五地告诉他,都被他否决了。

于是,你开始抓狂了,甚至开始有点怀疑人生。

我非常理解你的心情,但他可能陷入了某种误区,这个误区被称为——你看我说了吧,我们家孩子的问题,谁都搞不定。

他寻求的并不是你的建议,而是在向你证明:他是对的!孩子是错的!

他那些天衣无缝、无懈可击的话术,只不过是为了掩饰他内心的怯懦。在跟你谈话的时间内,他滔滔不绝地诉说孩子的种种不是,在这期间,你甚至插不上一句话。

在这背后,其实是对孩子的攻击,也叫潜意识式的诅咒。说到底,他并没有接纳孩子的平凡。他认为孩子就是无可救药,他将孩子看成了仇人。

从深层次分析，这种父母是很痛苦的。

痛苦是一种消极的情绪体验，它给人带来了无边无际的难过和伤心。但人们宁愿选择痛苦，也要逃避毫无感觉地活着。人们只会一边抱怨着痛苦，一边离不开痛苦。

而痛苦久了，就自然而然地"上瘾"了，很难被戒除。譬如，对孩子的种种抱怨和控诉。时间久了，这种抱怨就进入了恶性循环，被称为"命运"。

对于很多父母来说，他们的价值感、强大动力都建立在收拾孩子这件事上。当孩子变好了，他们会觉得不适应，绞尽脑汁地找到孩子的新毛病，继续攻击他的不是[①]。

这是一种很危险的心理动机。如果这种顽固性的认知不被破解，孩子的问题永远也不可能解决。

很明显在这里面底层逻辑出现了问题。父母在否定孩子的同时，也是在否定自己。因为对孩子的态度，就是他对自己态度的投射。

一般要解决这种问题，父母唯一需要做的就是要尊重、理解、接纳、包容、真诚、信任、欣赏、平等。如果你开始改进了，那么改变也就开始了。

---

① 反正人都不是完美的，只要想找毛病都能找到。

把主动权交给自己

实事求是地讲,我不太喜欢用"改变"这个词。

在某种意义上,改变是个伪命题,是我们一厢情愿的愿望。它体现的是对孩子的不接纳,还有淡淡的攻击。

改的意思是修理,是对局部的调整;变则是直接将你变为另一个模样。而改变将使一个人失去真正的自我,而这将引发一系列的后果。

这么说意味着一个人不能变优秀了吗?当然不是。在很多人的固有观念里,这叫作自我成长,而这与"改变"这个词略有差异。

自我成长,是依据自己的既定路线和生命轨迹,长成自我认同的模样。而改变,尤其是父母对孩子的改变,是一种主动的剥夺,也是一种意志的强行赋予。这种改变本身意味着遵守父母单方面设立的规则,同时也限制了孩子的发育发展。

有个形象的比喻:成长是一粒种子长成一颗豆苗的过程。而改变呢?是按照父母的意愿,长成人参的过程。在这个过程中,严重剥夺了孩子的幸福和愿望。

自我成长,是让一粒种子成为自己本来的模样,长得更加茁壮,结出更多的健康果实;而不是成为那些人参供别人瞻仰,供父母陶醉。

在家庭亲子关系里，父母想着改变孩子，孩子也想让父母改变，那么谁先转变呢？

<u>这一定是个绕不过去的，必须面对的抉择</u>。否则，就会出现方向性错误，而大家都知道——方向不对，努力白费。

① 从现实层面分析，改变是很难的。父母作为一个成年人，自我情绪管理能力、自知力、自律性、自我调控能力要比孩子好一些，因而这也意味着改变变得相对容易一些。这就跟武志红所说的，孩子出现了问题，就一定要以父母的改变来扭转这种局面。如果你仅仅对着孩子使劲，效果也会大打折扣。

② 从影响力层面分析，父母对孩子的影响力比孩子对父母的影响力要大。众所周知，有什么样的父母，就能养育出什么样的孩子。父母的形象尤为关键。董卿曾经说过，你希望孩子成为什么样的人，你就去做一个什么样的人。如果父母都做不到，又怎么能去要求孩子呢？

③ 从逻辑层面分析，父母养育孩子，是父母为孩子负责，而不是孩子为父母负责。孩子年龄越小，父母的付出越多。对于未成年人来说，父母的责任显得尤为重要。

既然"改变"一词，原本就代表着某些特权，而我更愿意用"影响"一词来形容这种责任。

如果父母做得足够好、足够智慧，孩子就会因为父母的有利影响而潜移默化地转变自己不当的行为。这种改变才是有益的，而没有带有很多强制色彩。

我相信绝大多数父母都爱孩子，既然深爱，所以我也相信你们愿意为了孩子而选择"把话语权交给孩子"。当然，这需要智慧。

亲子关系的最好状态是什么

我经常在网上浏览一些关于如何自律的短视频,面对这些劝人自律的短视频,网友的意见可谓大相径庭。

这不禁令人深思,这是为什么呢?两种完全不同的观点,竟然得到了公众的理解和认同。

这其实牵扯到心理学的一项重要的概念,即我们内心的冲突。《我们内心的冲突》恰恰也是著名心理学家卡伦·霍妮的传世力作。这本书在全球广受欢迎,它的核心观点是——很多时候,在我们的内心世界,至少是有两种不同的声音、不同的念头、不同的形象在争斗、在纠结、在对抗,而自我的作用就是制衡各方、实现最终的平衡。

内心层面。或许很多朋友有过这样的体验,自己感觉特别有自信,我怎么这么厉害呢!我怎么如此有才华呢!我自己都佩服我自己!同时,有时候也特别自卑,我这个样子能做啥啊!

这种典型的冲突,或大或小,以不同的形式在很多人心里上演,充分诠释了人们内心冲突的形态。许多人知道偶像崇拜,但同时又痛恨偶像,这可能就是他们内心处在冲突状况时的正常反应。

在社会现实层面。许多香烟盒上都印着吸烟有害健康、请勿在禁烟场所吸烟等字眼，甚至在后面有"劝阻青少年吸烟，禁止中小学生吸烟"等字眼。但当许多人买烟时，他们会看到这类字眼，但同时他们并不会选择放弃吸烟。在面对吸烟这类社会问题时，往往公众也寄希望于保持现状，即在宣传禁烟的同时，让人们保持有吸烟的自由。

关系层面。你有没有发现，对于有些人，你非常不喜欢他，但又离不开他。你恨他，但同时依赖他。你爱他，但他又不能让你满意。而这恰恰是现实。

无论我们在对待亲子关系抑或是亲密关系，你会发现没有绝对的爱，亦没有绝对的恨。在日常生活中，很多关系是伴随着相爱相杀、爱恨交加的状态，甚至我们追求的也无非就是一个平衡而已。因而，对于内心的冲突，我们并不能够完全避免和消除，而是让自我在各方面的冲突中实现最佳的平衡。

在精神分析的理论里，自我一般充当着平衡本我、超我之间关系的作用，而自我功能是一个人心理健康程度的表现。它遵循现实检验性和社会适应性原则。

自我功能强大的人，能很好地修补关系的漏洞，制衡内心的冲突，也能很好地平衡了自己与外界的各种关系。

俗话说，内通则外达，心畅则路顺。一个人自己内在的状态，直接决定了他与外界的各种关系状态，小到亲子关系、亲密关系，大到与系统的关系，乃至与世界的关系。

亲子关系的最佳状态，不是没有一丁点的矛盾，而是在各种矛盾和冲突之中寻求一种平衡。它可以是和谐，也可以是融洽，可以是幸福，也可能有淡淡的苦楚。但这不是唯一的，它追求的是人内心冲突的平衡。

朵朵：我为什么永远都是错的

16岁的小姑娘朵朵，今年读高一了。

她说她是瞒着父母偷偷前来接受咨询的。在首次咨询的前60分钟内，她哭了整整51分钟。

她说她父母认为她有着严重的反社会人格，对自己的家庭毫无贡献，对父母毫无感恩，是一个冷血的人。

朵朵抽泣说："他们很嫌弃我，什么都不满意，我现在什么也不敢做，在家大气都不敢喘。一旦发生什么事，爸爸总说他省吃俭用养着我。"

朵朵说自己想逃离这样的家庭。在这种暗无天日的环境里，她只能感受到痛苦。她觉得爸爸可能要杀我，他到处对我充满敌意……

由于工作原因，我接触过形形色色的父母，但令我印象深刻的却是那些说着"我永远是对的！孩子永远是错的"的家长。

这种偏执认知带来的只能是一种悲哀。几乎可以肯定的是，在这种家庭长大的孩子一定是患有心理问题。

这种自以为是、以自我为中心的家长总是拿自己的标准来衡量别人，甚至衡量世界。在这个过程中，他们往往对他人怀有过高的期待，对自己的标准则非常低，而这只会让身边的人痛苦。

那些自以为是的家长，会使家庭形成一种恐怖的藩篱，对孩子造成魔咒般的影响。这样的孩子很容易个性极端，甚至一言不合就大打出手。

我拜访过许多有修为的人。他们自信、平和且富有智慧，但没有一个人说"我永远是对的"。

作为两个孩子的父亲，当我和孩子闹矛盾时，我的第一反应往往是反思自己，觉察自己哪里做得不够恰当，哪里还需要继续学习。

对于孩子的成长，我是有责任的。我要为孩子负责，而不是让孩子为我负责，哪怕孩子做得不对。

作为父母，我们需要站在更高的维度，而不是执拗于"对错"，这极大地影响了我们和孩子的关系。

无论是家长，还是孩子，我们常常要站在更高的维度去看待我们犯的那些错误。

哪些错误是有利于我们成长的，哪些错误又是可以避免的，只有明白了这些，我们才能为取得更好的成功打下了地基。

我们不要纠结于一时，哪怕自己那次没做错，道一次歉又能证明我们软弱吗？

很多家长体悟不到这一点，总是在是非对错的层面纠缠、消耗。作为家长，我们要突破认知上的壁垒，敢于反思，敢于认错，愿悲剧不再发生。

父母智慧时刻

幸福者,幸福着自己的幸福;而悲哀者,悲哀着自己的悲哀。

做智慧型父母，让孩子在关爱中幸福成长

作为父母，我们的日常生活伴随着各种各样的困难，尤其是在如今多元化思维不断涌现的当下。作为两个孩子的爸爸，我也能深刻体会到育儿过程中的心酸和劳累。

我们要学习许许多多的育儿知识，幻想着孩子能够一天天地长大。但我一直想，育儿需要一个指导思想吗？

如何说、如何做，使用什么技巧都只是表面的东西，而这背后肯定是一个终极的思维来指导我们。而这个育儿的指导思想必然要符合人性，符合作为亲子关系的底层逻辑。

面对一个屡屡犯错误的孩子，也许普遍采用的方法对他不奏效。那么，我们需要做什么样的父母，才能更有利于孩子的心理健康成长？

就我的个人经历来说，我认为做一个优秀的、卓越的甚至是智慧的父母，需要做到以下清单上的要点。

智慧父母清单

① 情绪稳定。不容易被激怒的父母是智慧的,但这并不容易。尤其,是对于有着不那么好管理的孩子家长来说。当然,情绪稳定并不是没有情绪,而是会合理地表达自己情绪,继而合理地疏导情绪。

不管是什么育儿高手,他们都有情绪,但他们常常管控自己的情绪。那么,要如何才能管控自己的情绪呢?作为父母,我们或许从以下几个方面做起。

② 和而不同。孔子的这句话放在今天仍然有深远意义。和孩子有不同的观点和看法,是非常正常的情况。但不应该因为意见的分歧,而产生不可控的矛盾。毕竟和的是人,不同的是观点。很多出问题的家庭,常常因为一次意见不合,而将其视为关系破裂的象征。其实,作为一个现代人,我们需要管控分歧的能力,就连国家与国家之间都能做到搁置争议,更何况是家庭呢?

③ 避险能力强。这里的"险",家长可以理解为孩子的心理创伤、心结情结等。当面对这些心理创伤时,就需要父母去修复和疗愈。如果做不到,那么最起码可以做到避而不谈。譬如,对那些自尊心强、敏感脆弱的孩子来说,父母的嘲讽和贬损,只能是火上浇油。当孩子失恋了,我们要尊重他情绪的正常流露,而不是冷嘲热讽,这无益于你们亲子关系的融洽。

④ 有较好的边界感。对于中国人来说,边界感通常不是被优先考虑的事情。但随着时代的发展,对于家庭成员来说,我们有必要建立一定的边界观念。能够互相尊重彼此,不偷看他人隐私,这会降低和

减轻家庭矛盾的产生。

⑤ 有较好的观察力,包括向内的觉察以及向外的洞察。作为家长,我们要洞察孩子的需求。同时,我们也要擅于洞察孩子的日常状态、情绪变化、神态、语气、眼神、微表情、肢体语言等。这些信息能给我们提供超高的价值,从而避免矛盾或烦恼的出现。

⑥ 有自知之明。人要充分地了解自己,认知自己,这也是人成长的必需。我们要知道自己是谁?能付出什么,不过高或过低地评估自己。有了自知之明,才能更好地去理解孩子。道德经曰:自知者明,知人者智。这是智慧父母的必修课。

⑦ 不求理解,不怕误解。日常生活中,我们的很多烦恼来自于不被理解。但不被理解,是人类社会生活的常态。人与人之间的关系,很大程度上就是相互寻求理解中度过的。但如果你想要生活得足够简单和快乐,很多时候往往需要我们不奢求对方的理解,但要尽心尽力地去理解对方。

⑧ 内心强大,自愈性好。有些做父母的,自己却还是个孩子(心理年龄),遇到什么事非要跟孩子争个面红耳赤。如果自己很难调整,希望这类家长可以做一次情感咨询。

⑨ 情商高,会办事,会做人。这一点,其实是通用的。对于父母来说,不需要刻意教导,孩子会潜移默化地受到你好的影响。

⑩ 活在当下。人生很大的痛苦之一莫过于悔恨过去、抱怨当下、恐惧未来。希望你将心思、精力放在当下,那么你就能减少一些痛苦。作为家长,你要懂得珍惜和孩子在一起的时光。你要懂得欣赏孩子,而不是一味地抱怨。很多烦恼其实无足轻重,或许都是自己想象

出来的。回归当下，可以让你很好地减轻压力。

11 认知趋向于平衡。很多家长在养育孩子的过程中很容易陷进非黑即白、非此即彼的思维怪圈中。所谓非黑即白的思维状态，可能影响了你的心态。作为个人，我们要明白这个世界的事情并不如课本上那么黑白分明，有大量的事情存在着模糊的状态。我们要接受这个世界的灰色，从而才能发觉这个世界的美好之处。

12 有内省力。吾日三省吾身，人不是完美的，那么就有改进和提升的空间。遇事多反省，便容易豁然开朗。内省是对自己言行表现的复盘和调整，而这将有利于你少走弯路。早年原生家庭带来的影响，必然是有利有弊的，没有一个人的童年是完美的。我们要擅于总结和反思自己与父母的相处模式，纠正那些不良的行为，因为很大程度上，你和子女的关系会受到你和父母关系的影响。当你将那些不良行为改正时，你的亲子关系自然也会变得和谐。

13 有人格魅力。人格魅力有两个维度，一是你要有耐心，二是你要讲规矩。对于孩子来说，父母对自己有耐心，说明父母是爱他的，而不是对他的爱抱有条件。而父母对自己讲规矩，则说明父母是有原则的人，他不会为了别人很容易就丧失掉自己的底线。如果你能让孩子这么想问题，那么他必然能成为一个遵纪守法的人，而不是一个总幻想着走捷径的人。

看完以上的分析，如果你能坦然地面对自己——哪些是你做得好的？哪些又是你做得不足的地方？那么，相信你一定能取得不俗的进步。

在这个过程中，你实现了"个人成长"，而最终的受益者也将是你本人。如果你愿意为了孩子做一些调整，上面的那些方面不妨作为你的参考。

再次重申一遍，一个孩子的身心是否健康，很大程度上，取决于父母的内心是否健康、人格是否稳定。

为了更好地理解，我为广大父母制订了一个内心修正计划图（如图9-1），方便各位家长的学习和进步。

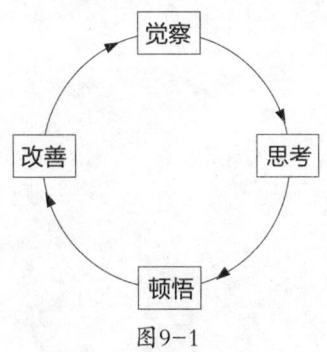

图9-1

在最后，我祝愿各位父母有一个健康的心态来看待孩子的成长，因为孩子不是我们人生道路上的唯一。

在养育孩子的同时，我们也要学会寻求个人的幸福。